超有爱的
数码照片
趣味涂鸦

Art Eyes设计工作室

编 著

人民邮电出版社

北 京

图书在版编目（CIP）数据

超有爱的数码照片趣味涂鸦 / Art Eyes设计工作室
编著． -- 北京 ：人民邮电出版社，2015.7
ISBN 978-7-115-39105-6

Ⅰ．①超… Ⅱ．①A… Ⅲ．①图象处理软件 Ⅳ.
①TP391.41

中国版本图书馆CIP数据核字(2015)第087962号

内 容 提 要

　　生活中大家经常拍照，如何让照片变得不一样，照片趣味涂鸦可以说是不错的选择。简单几笔，就会为一张普通的照片增添不一样的魅力。它们或有趣，或可爱，总有一款是你喜欢的。

　　本书共分为7章。第1章介绍照片趣味涂鸦的制作，解答作图前的疑惑以及实用工具分类；第2章介绍日常生活类照片的涂鸦和具体操作过程；第3章是美食类照片的涂鸦和具体操作过程；第4章是宠物照片的涂鸦；第5章是人物照片的涂鸦；第6章是生活中常见的静物装饰涂鸦和趣味涂鸦；第7章是旅途照片的涂鸦。第2章至第7章除了有不同的实例分析和详细的操作过程外，还添加了很多开发思维的小涂鸦范例和小经验分享，大家可以游刃有余地运用到日常生活中。

　　本书是为毫无绘画经验及不熟悉Photoshop等图像处理软件使用技能的读者量身打造的教程，它能帮助读者循序渐进地学习并绘制有趣的涂鸦，让读者在最短时间内从入门到精通，轻松成为照片涂鸦达人！

　◆　编　　著　Art Eyes 设计工作室
　　　责任编辑　张丹阳
　　　责任印制　程彦红

　◆　人民邮电出版社出版发行　　北京市丰台区成寿寺路 11 号
　　　邮编　100164　　电子邮件　315@ptpress.com.cn
　　　网址　http://www.ptpress.com.cn
　　　北京市雅迪彩色印刷有限公司印刷

　◆　开本：787×1092　1/20
　　　印张：9.6
　　　字数：338 千字　　　　　　　　　　2015 年 7 月第 1 版
　　　印数：1 - 3 000 册　　　　　　　2015 年 7 月北京第 1 次印刷

定价：49.00 元（附光盘）

读者服务热线：(010)81055410　印装质量热线：(010)81055316
反盗版热线：(010)81055315

前言
FOREWORD

  涂鸦最早可追溯至欧洲。在意大利南部城市那不勒斯附近的庞贝古城，那里的墙上所发现的涂鸦是最早涂鸦行为的记录。这座埋葬在熔岩下一千多年的古城，因为涂鸦而保留了罗马人各种生活痕迹。后来涂鸦这种形式被广泛地应用到了生活中，如表达态度，装饰墙面，最终它成为了一种简单又直观的艺术。

  与一般的涂鸦相比，照片上的涂鸦更简单、随意，它由心而发，只需要用一点点想象力，构图也不要求精细，衔接舒服即可，色彩稍做搭配就可以为一张普通照片增色不少。另外，还可以为平凡的场景实现摄影无法做到的想象与效果！是不是跃跃欲试了呢，马上开始吧！

本书内容

  本书通过7章内容生动形象地介绍了涂鸦以及扫除所有照片涂鸦的疑问和障碍，并详细讲解了怎样设定不同场景不同类别的照片——画哪种类型涂鸦？画到什么位置？怎么用计算机画这样的涂鸦？每一步都为读者详细分步骤讲解，语言通俗易懂，新奇有趣，点对点地阐述，细化到软件使用示例图，教读者学会手绘照片涂鸦的技巧！除此之外，还开启读者的想象力，教读者如何构思多种风格的涂鸦，帮助读者提高涂鸦技巧的同时，激发读者无限的涂鸦灵感，让大脑中的"涂鸦区"不再沉默！

本书特点

  • 丰富的案例风格：本书收录了日常生活类照片、美食照片、宠物照片、人物摄影照片、生活里常见的静物装饰以及旅途照片，每个案例都具有不同的风格，让读者可以熟悉更多风格的照片涂鸦技巧。

  • 细致地贴心讲解：本书文字通俗易懂，生动、有趣、形象。从创意思路到章节知识点以及制作过程都采用图文并茂的方式详细解析，并在制作过程中配有贴心小贴士和小技巧。

  • 精彩作品赏析：在每个案例的开始都设有涂鸦的照片，在对比了精心绘制的涂鸦照片后，可以直观地感受到一个小小的涂鸦改变了整张照片的画风，甚至让读者产生是不是"打开的方式不对"的"错觉"。同时通过讲解与对比，也可以提高涂鸦的创作水平以及拓宽创意思路。

适用对象

  本书内容新颖，结合大量实例讲解照片涂鸦的思路、创意与软件操作知识，因此适用人群极其广泛，只要读者对涂鸦感兴趣，并想通过一点点小创意为照片增色，那么请选择本书！即使是完全没有绘画基础或Photoshop使用经验的初学者，也能做到"一书在手，从入门到精通。"

  一句话——只要你想学！

  本书在设计制作与阐述理论上力求严谨，在阐述方式上力求简单、有趣，但由于时间有限，难免会有所疏漏，望广大读者不吝赐教，我们在此感激不尽！

目录
CONTENTS

第1章　嗨，大家一起玩照片涂鸦吧

第5章
我和我的小伙伴们

第6章
生活中的趣味角落

第7章
忙里偷闲的浪漫旅程

嗨，大家一起玩照片涂鸦吧

你 喜欢记录生活中的点点滴滴吗？你有
想过赋予这些点滴生活新的生命吗？
发现生活点滴，感受趣味人生。来吧，大家
一起来玩照片涂鸦吧！

1.1 照片涂鸦的趣味在哪里

照片涂鸦可以把照片变成一段颇有情趣的生活情节，随着照片涂鸦一点一点地展示，可重温生活中的美好时光。在照片里我们可以发现隐藏其中的小乐趣，然后根据想象寻找生活的小情趣并使照片趣味横生。

1.1.1 发现隐藏在照片里的小乐趣

生活中并不缺少美，缺少的是发现美的眼睛。一张简简单单的照片如果可以发现里面的小乐趣，会为生活添加不少情趣。

1.1.2 想象是生活的小情趣

生活是有限的，但想象是无限的。想象是生活的小情趣，有了想象，你的生活将不再单调。如有句话说的"化腐朽为神奇"！想象让生活充满快乐和情趣。看看下面这些有趣的生活涂鸦，真是有趣极了！

创意鸡蛋涂鸦

1.2 如何通过电脑实现照片涂鸦

看到上节内容中那些具有创意、充满情趣的照片涂鸦，是不是很想学习一下怎样通过电脑实现照片涂鸦呀！下面让我们来了解一下Windows自带的画图板、Photoshop、Corel Painter以及Illustrator等图像处理工具是怎样实现照片涂鸦的吧！

1.2.1 Windows自带的画图板

Windows自带的"画图"程序，看上去简单，可其基本功能却非常强大。它可以编辑、处理图片，为图片加上文字说明，对图片进行挖、补、裁剪，还支持翻转、拉伸、反色等操作。它的工具箱中包括画笔、点、线框及橡皮擦、喷枪和刷子等一系列工具，具有完成一些常见的图片编辑的基本功能。用它来处理图片，方便实用，效果不错。如能充分利用它的各种功能，就可以避免学习那些图像处理软件的劳累。

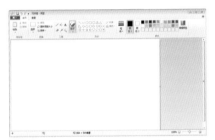

Windows自带的画图板

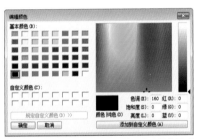

Windows画图板编辑颜色面板

1.2.2 Photoshop

Photoshop是Adobe公司旗下最为出名的图像处理软件之一。多数人对于Photoshop的了解仅限于"一个很好的图像编辑软件"，但并不知道它的应用范围。实际上，Photoshop的应用领域很广泛，在图像、图形、文字、视频及出版等各方面都有涉及。

下面来欣赏一下用Photoshop绘制的有趣的涂鸦图片。

使用Photoshop制作的有趣的光影涂鸦

使用Photoshop制作的生活趣味涂鸦

1.2.3 Corel Painter

Corel Painter是目前世界上最为完善的电脑美术绘画软件，它以其特有的"Natural Media"仿天然绘画技术为代表，在电脑上首次将传统的绘画方法和电脑设计完整地结合起来，形成了其独特的绘画和造型效果。

Corel Painter绘图界面

1.2.4 Illustrator

Adobe Illustrator是一种应用于出版、多媒体和在线图像的工业标准矢量插画的软件，作为一款非常好的图片处理工具，Adobe Illustrator广泛应用于印刷出版、专业插画、多媒体图像处理和互联网页面的制作等，也可以为线稿提供较高的精度控制，从小型设计到大型的复杂项目都适用。

Illustrator的绘图界面

1.3 涂鸦之前的种种疑问

✱ **关键字：** 涂鸦艺术的起源

涂鸦最早可追溯至欧洲。在意大利南部城市那不勒斯附近的庞贝古城，那里的墙上所发现的涂鸦是最早涂鸦行为的记录。这座埋葬在熔岩下一千多年的古城，为我们保留了罗马人各种生活痕迹。

涂鸦从未放弃过其本质——对主流社会的解构和叛逆。涂鸦很快被欧洲各国深厚的艺术文化特色所吸收、融合，从而发展出各自不同的特点。同时，涂鸦的内容也更加丰富和深刻。

人人都爱画画，不论是在纸上、画布上，还是在获得许可的墙上进行涂鸦。只要热爱画画就会涂鸦。涂鸦是一种能很好表达个人情绪的绘画方式。

色彩绚丽的涂鸦

街头墙面涂鸦艺术

1.3.1 没有绘画基础怎么办

除了商业涂鸦作品以外，涂鸦一般是由心而发，想画什么就画什么，涂鸦需要开阔的思维和想象力，构图不要求精细，但是一定要衔接舒服，色彩搭配也需要活跃、舒适。

线条的运用是绘画的基础，不用想象得太复杂，就算只有一只笔也可以画出多变的线条。

原图

绘制直线效果 1
用直线画出的图案

绘制直线效果 2
用交叉的直线画出的图案

绘制直线效果 3
用交叉的直线绘制的虚线图案

超有爱的数码照片趣味涂鸦

试着绘制曲线线条吧!

原图

绘制曲线效果1
用波浪线的方法绘制的图案

绘制曲线效果2
用随意的圈圈绘制的图案

绘制曲线效果3
用交错的画圈绘制的图案

试着绘制斑点吧!

原图

绘制斑点效果1
用均匀的大点绘制的图案

绘制斑点效果2
用不均匀的小点绘制的图案

绘制斑点效果3
用不规则的点绘制的图案

下面就来展示一下在实际作品中这些线条是如何应用的。

❶

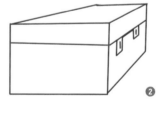

❷

❶ 利用直线绘制的楼房
❷ 利用直线绘制的箱子
❸ 利用曲线绘制的云朵
❹ 利用点和线绘制的雨点

❸

❹

1.3.2 如何激发观察能力

我们要无时无刻地学习观察，包括如何观察，怎么样更好地观察。可以将观察当作一个兴趣爱好，如看见有趣的图片就去看，看看有没有什么特别的地方，看见有趣的任何事物也可以停下脚步去细细品味，通过观察找出其中的窍门，如此反复，乐在其中。

生活中的小角落，带给了你哪些回忆？如果你的心累了，倦了，请仔细观赏

如何激发个人的观察能力？

第1点，观察要有目的性。如果观察目的非常明确，在观察时就容易抓住关键的现象，对现象的感受也会更深。

我们身边的蔬果也可以这样有趣

第2点，观察要有条理性。观察一定要有条理，不能胡乱地观察，到处乱看乱摸，要有顺序地去做一件事情。

近距离观察

远距离观察

第3点，观察要有理解性。所谓理解性就是指在观察的过程中不要只是看看而已，还要想这是为什么，为什么要这样观察。大面积地观察物体会发现物体的全貌，观察物体的局部会发现物体中难以观察到的细节。

大面积地观察物体

观察物体的局部

1.3.3 如何更有想象力

如何更有想象力？不如试一试心静，静的没声音时再去幻想。多读诗歌和小说，多接近文学和哲学。其实现实没什么不好，人总会在诗歌和文学的梦里过来面对现实的，对一些事物用跳跃思维去想象。

下面两幅有趣的画是马来西亚街道两旁的作品，自行车与墙壁上的画像彼此产生互动，而自行车则是真实的道具。

独具想象力的墙面绘画

想象不是空中楼阁，想象要基于一定的生活环境。如果对于外部环境一无所知，那么肯定无法运用想象力。丰富的生活，让人的脑海里有更多的"原始材料"，这样，想象力才有坚实的基础。例如，生活中无意间喝着下午茶的时候想象里面会不会冒出什么小人。例如，在看见还没有成熟的椰子树时想象会不会出现不知名的"小偷"。

充满想象力的生活

在我们用餐之余，想象会有什么先来偷偷地尝尝！

想象力就像肌肉，如果不经常锻炼，它就会渐渐萎缩。想象力是人类拥有的最有力的东西，任何你看到的东西都可以成为想象。想象力非常重要，它能创造价值。

不同的生活角度给你不一样的精彩

1.4 别着急，我们从简单的开始

看到前面介绍的那些有趣的涂鸦是不是很想快一点开始自己照片的涂鸦啦！别着急，我们从简单的开始，简单的涂鸦也可以创造很多有趣的照片呦！一起来看看吧！

我家的可爱狗狗一下就萌了吧！

还有这淡淡的忧伤！

看到右面这组街头简单的手绘，脑海突现一道闪电般亮光，宇宙如同浩瀚星海般疯狂旋转，立刻闭眼感悟，简直是太有想象力了！

街道简单涂鸦欣赏

1.4.1 勾线涂鸦法

勾线涂鸦法是制作照片涂鸦最基础也最简单的方法。不熟练的时候可先打开需要制作的图片，然后在图片上打好草稿。照着草稿的线条画，要慢慢修改，不要着急，修改到自己觉得满意时即可。在习惯涂鸦后尽量少用断断续续的线条。一开始画得不好没关系，慢慢就可以画得很好，加油吧！

简单的勾线涂鸦（图像和文字）

一支简单的中性笔便可以绘制简单的勾线涂鸦。在任意的生活用纸上，使用铅笔进行简单的图形绘制，再使用中性笔便可以绘制简单的勾线涂鸦。如果你不需要草稿也可以绘画，那就更加快捷啦。

一支简单的中性笔绘制的勾线涂鸦

1.4.2 绘制简单可爱的涂鸦图案

　　简单可爱的涂鸦图案不但可以使照片充满情趣，而且绘制起来也相对容易。适合不是很精通绘画但是又想在自己照片上绘制有趣涂鸦的涂鸦爱好者。

简单可爱的涂鸦欣赏

简单的皇冠涂鸦

照片原图

绘制简单的涂鸦增加照片趣味性

简单的钻石涂鸦

照片原图

绘制简单的涂鸦增加照片趣味性

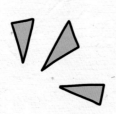

简单的嘴唇涂鸦

照片原图

绘制简单的涂鸦增加照片趣味性

1.4.3 模仿绘画

模仿是个体自觉或不自觉地重复他人行为的过程，是社会学习的重要形式之一。尤其是儿童，儿童的动作、语言、技能以及行为习惯、品质等方面的形成和发展都离不开模仿。模仿可分为无意识模仿和有意识模仿、外部模仿和内部模仿等多种类型。因此模仿是非常好的学习绘画方式。

在开始学习涂鸦绘画时，由于观察身边的事物过少，加之绘画经验很少，绘画时会有些困难，因此模仿绘画将是为照片进行涂鸦绘画很重要的一步。

模仿创意涂鸦在照片上进行的创意涂鸦

模仿卡通形象在照片上进行的创意涂鸦

TIPS 绘画的正确答案不止一个，如果有十个人画同样的内容，这十个人会因为自己观察事物的角度不同，认识不同，绘画时的心情不同等因素，从而画出十幅不太一样甚至一点都不一样的作品来。

1.4.4 图像处理

　　图像处理又称影像处理，是指用计算机对图像进行分析处理，以达到所需结果的技术。图像处理一般指数字图像处理。图像处理技术的主要内容包括图像压缩，增强和复原，匹配、描述和识别3个部分。常见的处理有图像数字化、图像编码、图像增强、图像复原、图像分割和图像分析等。

原图

制作复古效果

制作阿宝色效果

制作星芒效果

制作彩铅效果

制作旧照片效果

1.4.5 鼠标绘画

"鼠标绘画"（简称鼠绘）是指利用图形软件中一些特有工具及它们的特性，将一些从前只能利用画笔、颜料表现在纸张上的图形图像，利用软件及参数表现在显示器上的一种电子绘图技法。

右图为一些不同风格的鼠绘作品。

鼠绘由于其低门槛、高产量的特性，吸引了无数爱好者，自2004年至今逐渐形成了一个新的技术体系。同时也涌现了一批推动了鼠绘技术发展的教程和鼠绘高手。如网友"候补的神"，自创神式分色法与神式融色法，让鼠绘变得更加简单，作品效果更加出彩。同时网络中也涌现出一批主题鼠绘网站，也极大地促进了鼠绘技术的发展。

鼠绘不同于其他图像制作，它要求作图者对鼠标能够灵活地控制运用，对笔触的压力大小能适时把握。这听起来有点难，但是经过多次练习，反复实践后，不断累积的经验会让人觉得这也不是很难。

鼠绘作品欣赏

ALICE
IN WONDERLAND

精美鼠绘制作过程欣赏

TIPS

1.4.6 使用画图板绘画

数位画图板简称数位板、画图板、绘图板、绘画板以及手绘板等，是计算机输入设备的一种，数位画图板同键盘、鼠标、手写板一样都是计算机输入设备。数位画图板是专门针对电脑插画设计研发的产品，数位画图板作为一种绘画设计电脑输入工具，是鼠标和键盘等输入工具的有益补充，其应用也会越来越普及。

数位画图板以及鼠绘欣赏

使用数位画图板进行手绘插画的过程

1.4.7 形和色的表现

圆形代表着保护或无限；正方形和长方形代表着符合、安宁、稳固、安全以及和平等；三角形代表着稳定，每个形状都具有它存在的意义和价值。

圆形的构图和圆形给人饱满充实的感觉

三角形的构图给人稳定的感觉

正方形的构图给人安宁牢固的感觉

色彩的表现是很丰富的,如符合男性色彩的表现具有冷静、刚毅、硬朗、沉稳的情感特点;符合女性色彩的表现具有柔和、亲切、温顺、雅致、明亮的情感特点。

男性的色彩表现

女性的色彩表现

动物的色彩表现

1.4.8 小物件涂鸦的表现方式

生活中有很多可爱有趣的小物件，小物件涂鸦的表现方式主要是以简单的线条和颜色为主。小物件涂鸦不需要绘画得多么精致，只需要线条的流畅和颜色的饱和。下面来欣赏一些生活中的小物件涂鸦。

我的梳妆台涂鸦

我的手套涂鸦

我的小钱包涂鸦

生活中的各种小涂鸦欣赏

1.4.9 绘制花瓣和叶子涂鸦的起伏变化

在绘制花瓣和叶子涂鸦的
起伏变化时，要在花瓣和叶子的
颜色都染完后，用比染花瓣和叶
子的颜色深一点的颜色，用钩线
笔描上纹路。最后整体再罩一遍
色。对于牵牛花的纹路要在染花
时把纹路留白，在最后一遍上色
时，整体再罩一遍色。

绘制花瓣的大体颜色

勾画出花朵的轮廓

绘制花朵下方的叶子和枝干颜色

进一步绘画

丰富叶子和枝干颜色

在花朵上丰富轮廓

将细节绘制完整，得到生动的画面效果

1.4.10 绘制涂鸦的艺术效果

城市涂鸦发源于20世纪60年代的纽约布朗克斯区，这是纽约最穷的街区，当时居住在这个区域的年轻人喜欢在布朗克斯的墙面上胡乱涂画各自团体的符号以占据地盘。后来一些非团体画家认为在墙上作画是很好玩的创意，于是撇开了团体意识，逐渐形成了城市涂鸦这门艺术。后来涂鸦作为其中一种艺术形式传遍了世界各地。

优秀的街头涂鸦欣赏

街头涂鸦艺术，通过多种色彩的应用变现出街头艺人浓烈的艺术气息以及自由不羁的灵魂，不同色块通过短促而富有力度的笔触相互融合，看似凌乱，实则规则。

对人物的形象进行概括性的涂鸦

将人物街头艺术效果绘制出来

1.4.11 涂鸦表现物体的疏密关系

在涂鸦的过程中如何表现物体的疏密关系是一件非常值得研究的事情。物体的疏密关系与构图很重要，一般好的构图就是给疏密打基础的，但重点要突出，不能什么都画，元素太多也不行，所以构图是画面的灵魂所在。

稳定的三角形构图展现的疏密关系

涂鸦多数以速写为主，在速写涂鸦的过程中表现物体的疏密关系主要有"线描法"和"线面结合法"。线描法是以单线的形式将物体的轮廓和结构概括成线，有时配以装饰线条，主要表现物体的特征、传达人物的神态。此法近似中国画中的"白描"。线面结合法以线为主，适当配以表示灰度的排线，表明物体的明暗或固有色彩。

TIPS

圆形构图展现的疏密关系

方形构图展现的疏密关系

涂鸦中的概括与取舍可表现物体之间的疏密关系，有利于表现形体结构以及处理各种艺术关系部分，清晰的自然要取，不太清晰的也要通过取舍提炼出来。对表现形体结构不利又无助于艺术处理的部分，无论清晰与否，都要毫不犹豫地舍弃。

线描涂鸦表现物体疏密关系欣赏

涂鸦中的疏密对比可表现物体之间的疏密关系，疏密对比是指画面中人物的线、面组合排列的关系。它的运用首先与取舍密切相关，取则密，舍则疏，密则繁，疏则简。疏密来自取舍，对比则是取舍的依据。疏密对比需要根据人物动态与服饰特征，在整体疏密关系制约之下，注意具体的疏密变化。古人所谓："疏可走马，密不透风"，"疏中有密，密中有疏"即是此意。

生活中涂鸦的疏密对比

涂鸦中的虚实对比可表现物体之间的疏密关系，虚实既与疏密有关，也与轻重有关。疏密是线、面排列，并置之远近，虚实则是线、面之有无。古人曰："大抵实处之妙，皆因虚处而生"，线面的组织安排，要看到空白处，即疏处，空白大小不一，疏密自然有变化。轻重则是虚实的另一个对比概念，主要是指密处，即实处的具体变化。轻则虚，重则实，以轻托重，以虚衬实，可以表现形体结构的空间感。

涂鸦中的长短对比可表现物体之间的疏密关系，长短对比主要是指以线完成或基本以线完成的人物动态速写而言。线的长短与疏密有关，短线则密，长线则疏，但这种规律只限于轮廓线，形体内部的疏密，关键在于线的排列远近。整体效果短线过多，画面效果易于破碎；长线过多，画面效果则容易简单化。长短对比是指对应关系而言。长多则用短线调整，反之短多就用长线补充，才有线条的变化。

涂鸦中的曲直对比可表现物体之间的疏密关系，一张画里面曲线多了容易感觉到软弱，直线多了则感觉呆板。直中有曲，曲中有直，线的运用自然就会有一种轻松感。曲直对比变化的同时也可以构成人物形体边缘上的起伏变化。起伏变化是曲直变化的衍生状态，形体外缘的凹凸、高低不同，可以使线条更具美感和表现力，也使人物动态更生动。

1.4.12 涂鸦的绘画步骤

在纸上用大的简洁的笔触勾画草稿，找好透视和构图。首先选择长条的构图，等明暗关系非常明确之后再找色彩。

然后，进一步拉开画面的前后空间关系。视觉中心即中间人物的位置，绘画的时候很容易把每个物体都表现得面面俱到，在处理这个关系的时候一定要记得层次的取舍，在整体与细节之间把握平衡。

最后，继续充实画面前后的关系。在画背景细节的时候该表达的东西一定不能缺，但也不能太跳，以免画面过于琐碎。但不管用什么元素，只有我们自己心里清楚了、理解了，学会"主导和控制"画面才是最主要的。

绘制涂鸦人物的大体线条

为人物上色并放于一定的场景照片中

TIPS 在整体的空间、明暗和光影关系营造明确之后，接下来就可以有一些细节的考虑。在画的过程中有时候自己也不知道画的是什么，这时候对素材的利用会产生很大的帮助，参考一些资料会使自己抽象的表达创造一个依据，同时也会得到一些启发。

第 2 章

一个人的
妙趣生活

不知是什么时候在一个人的闲暇时光里，喜欢上了栽种各种可爱的小植株。寂静时无人打扰，无人耳旁声噪，也无人对我大呼小叫，身旁的它们似乎这个时候总是喜欢和我聊心事。之后便有了和它们聊天的妙趣生活。

2.1 我的秘密植物王国

嘻嘻……我家的花园又长出了
好多可爱的小·植株呦!

一簇簇嫩绿的小·植株,
聚集在叶片下,
犹如无数只蝴蝶,
微微张开翅膀,
停在空中,凝然不动。

你是否发现过生活中的种种美好——那些美好的花草植物的记忆，那些流逝的美好时光……你是否记得，你可曾忘记……其实美好就在生活中的点滴之间。

涂鸦照片

创意延伸

涂鸦照片

创意延伸

我的拍摄小经验分享：小植物也可以拍出大世界

巧用背景光线。温暖的光斑，使整幅画面充满了暖意，明亮得透进人的心里，画面极富感染力。不是每个场景暖意都会充满画面，但这并不意味着我们没有办法捕捉美丽，只要细心观察，就会发现摄影主体和背景仍然存在明暗的对比。这时也能有别致的拍摄方法：将稍暗的部分和较亮的部分进行对比，你会惊讶于所看到的画面。在明暗对比不强烈的环境下，也可以通过色彩对比来突出摄影主体。色彩的对比，让画面看起来生动活泼。鲜艳的颜色，总能一下子就吸引别人的眼球。

我的拍摄小经验分享

在拍摄花草的时候经常会遇到要拍的主体后面或前面都有另一支花重叠在后面或挡在前面，而这个时候又不能把多余的拔掉。有个简单又实用的方法，就是带上一根小绳一边系上一只钉子。一边系在花杆上，另一边将花拉远后将钉子插在地上固定。快来试一试，这种方法非常有效哦。

在拍摄花草的时候要掌握花卉的生长习性及开放时间

要拍好花草照片，首先要对各种花草的生长习性和开放时间进行细致的研究了解，特别是对本地区常见花草的开放时间要做到心中有数，选择最佳的时间拍摄。

花草盛放时的
拍摄作品

拍摄花草的时候拍摄主体要选择得当

拍摄花卉题材照片也同拍摄其他题材照片一样，应根据主题思想的表现来选择主体。在摄影场景中，不要急着按快门，要多观察，遵循"一观看，二细品，三拍摄"的原则去选择造型优美、姿态各异、神韵不同的花卉作为主体，再选择一些必要的枝叶作为陪体。必要时，还可以根据自己的要求，对选择的花卉进行修整、压枝、创造背景等，使构图更精美，主体更突出，主题表现得更好。

主体物明确的
花草摄影照片

拍摄花草的时候要利用光影的作用

运用侧光来拍摄花卉，对花光照造型效果好，明暗对比强烈，光影效果明显，画面层次表现好，立体感强。运用散射光来拍摄花卉，灵活性强，不受光源的方向性局限，受光面均匀，影调柔和，反差适中。如果选择雨后的散射光拍摄，会使花卉显得饱满清新，更具韵味。运用逆光摄影，能使平淡无奇的画面具有意想不到的效果。逆光透射过花瓣和叶片呈透明或半透明的视觉效果，更细腻地表现出花的质感、层次和瓣片的纹理，且产生一圈清晰的轮廓光，显现立体感。运用逆光拍花卉，要注意对花卉进行补光及选用较暗的背景衬托，这样才能更好地表现花卉的形象。

2.2 家有梦幻花草洗衣间

三月真是一个收获的季节，果断拿起心爱的相机为阳台上栽种的多肉小植株拍上美美的成长照！我还亲手为它找来辛勤的花草大师来为它浇水呢！

03 新建"图层1"，使用画笔工具，选择尖角画笔并适当调整大小及不透明度，设置不同的前景色。在画面上绘制浇水的人。在绘制过程中注意人物的笔触要连贯，其中五官神态的绘制要尤其注意。

01 打开一张多肉小植株美美的成长照，得到"背景"图层，按快捷键Ctrl+J复制得到"背景 副本"图层。

02 单击"创建新的填充或调整图层"按钮，在弹出的菜单中选择"色相/饱和度"选项并设置参数，调整画面的色调。

04 新建"图层2"，将其移至"图层1"下方，继续使用画笔工具 ✎，选择尖角画笔并适当调整大小及不透明度，设置不同的前景色。在画面上绘制仙人坐在云朵上浇水的场景。在绘制过程中注意云朵需要涂抹均匀，水滴要疏密相间，制作出仙人浇水的有趣的画面效果。

05 新建"图层2"，继续使用画笔工具 ✎，选择尖角画笔并适当调整大小及不透明度，设置不同的前景色。在画面中的植株上绘制打伞的小老鼠。在绘制过程中需要注意打伞的老鼠有趣的神情和浇下来的水自然流下的效果，并注意把水向老鼠脸上打湿一些，继续制作有趣的画面效果。

06 将画面绘制完整，单击"创建新的填充或调整图层"按钮 ◓，在弹出的菜单中选择"色相/饱和度"选项并设置参数，调整画面的自然色调，使画面有一种温暖的感觉，这样的画面看起来会很有趣。

种植小经验分享

多肉植物必须适时补充水分以供生长发育之需，而绝不是像某些人认为的"宁干勿湿"。当然对地栽植株，浇水次数可以少一些。大多数多肉植物和自根栽培的仙人球类植物，浇水很难掌握，主要表现在浇水的适时性上。

涂鸦展示

花盆里，
有一株株茂盛的小植株，
绽开时那样的鲜活，
微微四散的花瓣如同黑色的丝绒，
散发出阵阵清香，沁人心脾。

心血来潮地为家中的"黑王子"换一个深筒的花盆，看它高高地耸立在阳台上，像是一名卫士，瞬间想要画一个小人仰望的画面，倍感骄傲吧。

这个怪大叔是来偷我们家肉肉的吗？

天气好好，好想出去活动活动……

2.3 浓缩版的童话后花园

我家后花园里面的花朵美女们都忍不住娇羞，偷偷地开放了，所以我也偷偷拿起相机留下了它们的美丽。有两个外来世界的小伙伴来到它们的世界，享受美好的下午茶时间呢！

01 打开一张后花园的美照，得到"背景"图层，双击该图层，得到"图层0"，新建"图层1"，设置前景色为黑色；使用画笔工具，选择尖角画笔并适当调整大小，在照片中的椅子上绘制猫咪的大体外形。

02 新建"图层2"，将其移至"图层1"的下方；继续使用画笔工具，选择尖角画笔并适当调整大小；在照片上绘制猫咪身上的毛发和纹理。

03 回到"图层1",新建"图层3";继续使用画笔工具，选择尖角画笔并适当调整大小；设置需要的前景色，并在画面上涂抹出猫咪的五官；在涂抹的时候注意颜色的先后顺序，并且注意绘制喵咪可爱慵懒的眼神。

04 新建"图层4"~"图层6";继续使用画笔工具，选择尖角画笔并适当调整大小；设置需要的前景色，在图层上依次绘制猫咪身上的颜色、耳朵上的颜色、喵咪手上拿着的水杯和猫咪的胡须,将猫咪慵懒、可爱的形象生动地描绘出来。

05 新建"图层7",使用钢笔工具，在属性栏中设置其属性为"路径";在猫咪的右上方绘制需要的对话框的形状,完成后单击鼠标右键选择"建立选区"选项,得到对话框选区;设置前景色为白色,按快捷键Alt+Delete,填充选区的颜色为白色,完成后按快捷键Ctrl+D取消选区。在"图层"面板上设置"不透明度"为59%,制作透明对话框效果。新建"图层8",设置前景色为粉红色,使用画笔工具，选择尖角画笔并适当调整大小,在对话框上绘制需要的边缘图形,单击"添加图层样式"按钮，选择"描边"选项并设置参数,制作对话框的图层样式。

06 使用横排文字工具，设置前景色为白色,输入所需文字;双击文字图层,在其属性栏中设置文字的字体样式及大小,将其放置于对话框上合适的位置。单击"添加图层样式"按钮，选择"描边"选项并设置参数;制作对话框的图层样式,使其文字和喵咪相互呼应,绘制出后花园中有趣的场景。

我的绘画小经验分享

在使用画笔工具绘制需要的图案颜色时,要注意绘制的颜色之间的关系,最好不要使用颜色较为对立的颜色,如黄色和蓝色这种类似的组合,这样绘制出来的颜色会相对较脏,并且不通透。在涂抹的时候注意颜色的先后顺序,使画面呈现出干净的颜色画面效果。

07 当然猫咪大叔一个人很孤单，美美的下午茶必须有小伙伴来一起分享。新建"图层9"，设置前景色为黑色；继续使用画笔工具 ，选择尖角画笔并适当调整大小，在照片中的椅子上绘制小老鼠的大体外形。绘制的时候注意老鼠和茶杯之间的关系。

08 为老鼠老弟上色，新建"图层10"，将其移至"图层9"下方，设置前景色；继续使用画笔工具 ，选择需要的画笔类型并调整大小和不透明度，绘制小老鼠身上的颜色。

09 添加下午茶的感觉。新建"图层11"，设置前景色；继续使用画笔工具 ，选择需要的画笔类型并调整大小和不透明度，在照片中的茶杯上绘制需要的可爱糖果和小气泡。这样浓缩版的童话后花园就完成啦！小伙伴们快来围观吧！是不是很有趣呀，就像猫咪大叔说的，一个美美的下午茶，生活就是这么惬意。

我的种植小经验分享

> 我们每个人都喜欢优美健康的植物，而且谁能抗拒去维护和照看这么漂亮的盆栽呢。并不是所有的人都能够把植物养的那么好，我就深有体会，买回来是那么漂亮的植物，一段时间以后就变得营养不良了。所以植物们需要的是主人的细心呵护和不断的关爱。

涂鸦展示

每个女孩子的心里
都有一个公主梦，
而每个男孩子
都想成为英勇机智的王子。
这个夏天自己创造自己的
浓缩版的童话后花园！

春天花会开，鸟儿自由自在，我
还是在等待，等待你回来，我的
蝴蝶仙子！
蝴蝶仙子经不起诱惑到我家的花
上来乘凉了！还把那么多伙伴引
来，蝴蝶仙子真是淘气！

池塘上面的荷叶也不甘寂寞，特
别邀请了著名的"气娃娃"摇滚
乐队来演奏它们的最新单曲。瞧
瞧……连池塘里的鱼儿也被它们
的歌声吸引过来了！

2.4 一起来个大扫除吧

我家的阳台桌上栽种的满天星花朵掉了一桌呀！赶快召集我们的小伙伴们一起来个大扫除吧！记得分工要明确哟！莉莉你来扫桌面，我们两个哥哥来擦洗好不好呀。

01 打开一张阳台桌的美照，得到"背景"图层；双击该图层，得到"图层0"，创建"曲线1"，调整照片的色调。

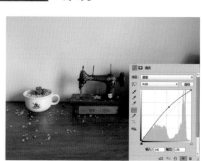

02 创建"色阶1"，继续调整照片的色调，使照片看起来明快、透亮。

03 创建"色相/饱和度1",继续调整照片的色调,使照片具有较高的饱和度。

04 新建"图层1",设置前景色为黑色;使用画笔工具✐,选择需要的画笔并适当调整大小及不透明度,在相框旁绘制小人擦镜片的外形轮廓。

05 新建"图层2",设置前景色为黑色;使用画笔工具✐,选择需要的画笔并适当调整大小及不透明度,在画面中的小缝纫机上绘制小人擦缝纫机的外形轮廓。新建"图层3",设置需要的前景色;使用画笔工具✐,选择需要的画笔并适当调整大小及不透明度,为绘制好的擦镜片的小人填充大体的颜色。

06 新建"图层4",设置需要的前景色;使用画笔工具✐,选择需要的画笔并适当调整大小及不透明度,为绘制好的擦缝纫机的小人填充大体的颜色。

我的种植小经验分享

● 满天星喜温暖湿润和阳光充足的环境,较耐阴,耐寒,在排水良好、肥沃和疏松的壤土中生长最好。满天星的整个生长期切忌雨水冲淋,否则,会引起根腐,造成植株死亡。

07 两个哥哥都在擦洗了，我们的妹妹去哪里了呢？别着急，新建"图层5"，设置前景色为黑色；使用画笔工具，选择需要的画笔并适当调整大小及不透明度，在画面上落满满天星的地方绘制扫除满天星女孩的外形轮廓。

08 新建"图层6"，设置需要的前景色；使用画笔工具，选择需要的画笔并适当调整大小及不透明度，绘制好扫除满天星的女孩并填充大体的颜色。注意女孩的衣服颜色要比男孩的衣服颜色鲜亮一些。

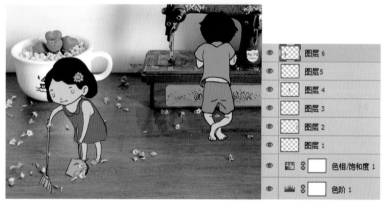

09 绘制好大体的人物动态和颜色效果之后，细节是决定一切的关键，让我们来给他们添加丰富的表情，增加面部和衣服部分丰富的细节吧！新建"图层7"，设置需要的前景色；使用画笔工具，选择需要的画笔并适当调整大小及不透明度，为绘制好的大体画面绘制丰富的细节。在阳光洒在桌面上的午后，有几个勤快的小伙伴来一起大扫除，心情瞬间美丽啦！

涂鸦展示

勤劳的果子一个人洗了一盆衣服,
又是拖地,
又是张罗着卖瓶子,
认真起来的女人是很美的,
我在一边静静欣赏着,
一个安静的午后,
我们在寝室这样度过了一个美好的下午……

这脏乱差,小伙伴们不小心进到
我的房间瞬间就看不下去了。
于是他们偷偷地拿起他们的工具
帮我打扫起来,你们这么可爱,
简直不舍得你们随便离开呀!

看看这梳妆台,小伙伴们又很热
心地帮我打扫起来,好嘞!朋友
们,完事后我请你们吃大餐哈!

超有爱的数码照片趣味涂鸦

2.5 创意手工大联盟

自己放假在家里，好悠闲的下午啊！在喝着下午茶的时间，想想不如在家做手工吧，于是拿起那些平时并不会理会的小东西和画笔慢慢地进入到自己的世界中去了！你看连隔壁家的小橘喵咪，都被我悄悄吸引过来了，看到我看到它，它还在偷偷害羞着呢！

01 打开一张创意手工照片，得到图层，双击该图层，得到"图层0"。

02 单击"创建新的填充或调整图层"按钮，在弹出的菜单中选择"色阶"选项并设置参数，调整色调。

03 单击"创建新的填充或调整图层"按钮，在弹出的菜单中选择"色阶"选项并设置参数，继续调整画面的色调，使照片具有光线效果。

04 新建"图层1"，设置前景色为黑色；使用画笔工具 ✐，选择尖角画笔并适当调整大小，在照片上的手工小物品旁边绘制可爱猫咪的轮廓。

05 猫咪不穿衣服会害羞的，新建"图层2"，设置需要的前景色；使用画笔工具 ✐，选择尖角画笔并适当调整大小，在图层上将猫咪的大体颜色涂抹出来。

06 新建"图层3"，设置需要的前景色；使用画笔工具 ✐，选择尖角画笔并适当调整大小，在图层上将猫咪的眼睛、背包上的花纹和它的黄金项链依次绘制出来，绘制出它偷了主人家的东西时的表情。

07 新建"图层4"，设置需要的前景色；使用画笔工具 ✐，选择尖角画笔并适当调整大小，在图层上绘制猫咪身上的花纹；单击"添加图层样式"按钮 fx，选择"描边"选项并设置参数，制作出身上花纹的图层样式。

08 新建"图层5"，设置需要的前景色；使用画笔工具 ☑，选择尖角画笔并适当调整大小，在图层上将猫咪头上的对话框绘制出来。

09 单击横排文字工具 ⊤，设置前景色为白色，输入所需文字；双击文字图层，在其属性栏中设置文字的字体样式及大小，将其放置于绘制的对话框上；单击"添加图层样式"按钮 ƒ，选择"描边"选项并设置参数，制作图层样式。

10 制作其他小手工艺品的对白！单击横排文字工具 ⊤，设置前景色为白色，输入所需文字；双击文字图层，在其属性栏中设置文字的字体样式及大小，将其放置于绘制的对话框上；单击"添加图层样式"按钮 ƒ，选择"描边"选项并设置参数，制作图层样式。

11 新建"图层6"，设置前景色为白色；使用画笔工具 ☑，选择尖角画笔并适当调整大小，在照片下方的文字处绘制对话框；单击"添加图层样式"按钮 ƒ，选择"描边"选项并设置参数，制作线框样式。你们瞧瞧它们的对白是不是很可爱呢！

我的手工制作小经验分享

由于我们大规模铺张浪费，地球上许多可再生资源已经不可再生，但是一些旧物经过改造，仍然可以再次利用，快利用自己不需要的物品，马上开始创意手工之行吧！也许你在制作和搜索的过程中还有意想不到的发现呢！

涂鸦展示

你也会有些废旧不用的棉花，布头，箱子，
纸笔吗？喜欢和大家一起做事情，
缝缝补补也好，
写写画画也好，
剪剪贴贴也好。

创意不织布，真是心灵手巧的孩
子呀！看看，它得意得都不知道
自己笑得只有两颗大门牙了！

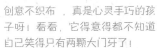

父亲总是这样说……

小·兔子乖乖，把门开开，快点开开……

53

2.6 私人物品公开展示

悠闲的下午时光，才刚刚午睡醒的我，被我的小闹钟深深吸引，赶快拿起相机为它拍一张照片吧！You Can Better Money、Money、Money！哇哇，我一不小心遗落的硬币怎么就被你这个"小偷"发现啦！

01 打开私人物品照片，得到图层并双击该图层，得到"图层0"。

02 把偷偷来我们家的"小偷"的外轮廓绘制出来。新建"图层1"，设置前景色为黑色；使用画笔工具，选择尖角画笔并适当调整大小，在照片上合适的位置绘制人物的外轮廓。

03 新建"图层2"，设置需要的前景色；使用画笔工具，选择需要的画笔并适当调整大小及不透明度，在绘制的人物轮廓里绘制颜色。

04 绘制大叔的帽子和胡子上面的纹理。新建"图层3"，设置需要的前景色；使用画笔工具，选择需要的画笔并适当调整大小及不透明度，绘制出人物的帽子和胡子上面的纹理。

05 新建"图层4"，使用钢笔工具，在其属性栏中设置属性为"路径"；在人物上方绘制对话框并创建选区，将选区填充为白色，按快捷键Ctrl+D取消选区；单击"添加图层样式"按钮，选择"描边"选项并设置参数，制作图层样式。

06 新建"图层5"，使用钢笔工具，在绘制的对话框旁边绘制闪亮的星星图案，创建选区，将选区填充为黄色，并制作其"描边"图层样式。

07 选择"图层5"，连续按两次快捷键Ctrl+J，复制得到两个"图层5副本"；分别使用快捷键Ctrl+T变换图像大小，并将其放至画面中合适的位置。制作出照片上闪亮的画面效果。

08 使用横排文字工具，设置前景色为白色，输入所需文字；选择"描边"选项并设置参数，制作文字的图层样式。制作出人物与照片上物品之间的关系。大叔，那是我的钱钱，你不要一不小心拿走了呦！

涂鸦展示

私人物品展示，
将我的多感官生活展示，
从而演绎全新的清新生活理念，
简单纯朴的生活方式。

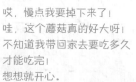

哎，慢点我要掉下来了！
哇，这个蘑菇真的好大呀！
不知道我带回家去要吃多久
才能吃完！
想想就开心。

真是惬意的中午，我要好好睡一下！

你存在，我深深的脑海里，我的梦里，我的心里，我的
歌声里！

第 3 章

缤纷美食
日记

和 我玩得很好的小伙伴总是知道我天生
就喜爱美食，总是无意间听到别人
说："那些吃饭之前必须拍照的人，简直是
另一个世界来的"。我能说我就是这样一个
人吗！缤纷的美食，我总是把它先当作艺术
品来欣赏，这可是制作者的劳动成果，应该
留下些什么再把它"干掉"！

3.1 那些让人看着就流口水的美食

满足了好吃者的食肉欲望
这是极好的
传统制作的方法很讲究
不过觉得好吃，再发上来和大家切磋下，
还是那句话
无关正宗
好吃是王道！

这可是我和小伙伴们亲自制作的
呦！是不是很美味~

生活就像美食一样，很多人都刻意去追求轰轰烈烈、荡气回肠的爱情生活，但他们完全没有意识到身边的生活本来就应该是平淡的，平淡的就是幸福的。爱情带给我们的幸福首先是心灵的幸福，只要有一颗能感受幸福的心就能创造幸福。

涂鸦照片

创意延伸

我的美食拍摄小经验分享

● 在光线较好的环境下，包括自然光或灯光，都应尽量避免使用闪光灯，除非快门速度过低。数码相机的快门很轻巧，震动很低，若比较熟悉自己的相机的操作者，一般来说，快门在 1/30 秒以上，基本可以拍到清晰的影像。

涂鸦照片

创意延伸

我的美食拍摄小经验分享

● 在许多摄影经验的介绍中，摄影师们总是千方百计让主体与背景分离，以此突出主体。但偶尔我们也会对这千篇一律的摄影手法感到厌倦，难道没有更好的拍摄方法了吗？不妨试试在保持绚丽效果的同时，让主体与背景融合，也许是颜色方面的融合，也许是构图方面的融合。

3.2 我们都是吃货

天气越来越热，用老人的话说就是"秋老虎"来啦，所以我也跟着变懒，无奈啊！最近一直在下馆子解决吃饭的问题，其中嫩汁牛柳我挺喜欢的，所以推荐下，来四川玩的朋友可以来尝个鲜哦。那个谁，还来偷我的牛柳，你拽，你再拽，拽的走就是你的。

01 吃货的朋友们，快来打开一张晚餐时食用的美味照片，得到"背景"图层并双击该图层，得到"图层0"。

02 不知道哪里来的吃货小伙伴看上了我的晚餐。新建"图层1"，设置前景色为黑色；使用画笔工具，选择尖角画笔并适当调整大小，在照片上绘制小偷的外形轮廓。

03 赶忙给他穿上衣服，我又要偷笑了。新建"图层2"，设置需要的前景色；使用画笔工具，选择尖角画笔并适当调整大小，在照片上给小偷填色。

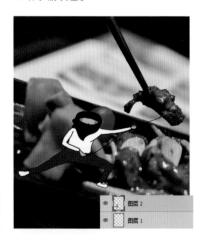

04 绘制小偷的花裤子和具有特色的毛衣。新建"图层3"，设置需要的前景色；使用画笔工具 ✐，选择尖角画笔并适当调整大小；在照片上绘制小偷衣服上的图案和花纹，真的很有趣，还要注意绘制其偷美食的绳子呦！

05 偷食物不带上家伙怎么行。新建"图层4"，设置需要的前景色；使用画笔工具 ✐，选择尖角画笔并适当调整大小，在照片上绘制小偷的背包，里面一定装了很多好吃的吧！

06 新建"图层5"，设置前景色为白色；使用画笔工具 ✐，选择尖角画笔并适当调整大小及不透明度，在小偷下面绘制对话框。

我的照片调色小经验分享

在对照片进行调色的过程中主要注意调整色相/饱和度，其中饱和度是控制图像色彩的深浅程度，类似我们电视机中的色彩调节。改变的同时下方的色谱也会跟着改变。将饱和度调至最低的时候图像就变为灰度图像了，对灰度图像改变色相是没有作用的。明度，就是亮度，类似电视机的亮度调整。如果将明度调至最低会得到黑色，调至最高会得到白色。对黑色和白色改变色相或饱和度都没有效果。在设置框右下角有一个"着色"选项，它的作用是将画面改为同一种颜色效果。有许多数码婚纱摄影中常用到这样的效果。这仅仅是单击一下"着色"选项，然后调整色相改变颜色这么简单而已。"着色"是一种"单色代替彩色"的操作，并保留原来的像素明暗度。

07 使用横排文字工具 T ，设置前景色为色，输入所需文字；双击文字图层，在其属性栏中设置文字的字体样式及大小，将其放置于绘制的对话框上合适的位置。制作小偷丰富的心理活动。

08 选择绘制好的文字图层，单击"添加图层样式"按钮 fx ，选择"描边"选项并设置参数，制作图层样式，使绘制的文字在对话框里面更加突出。

09 添加细节丰富这可爱的画面。新建"图层6"，设置需要的前景色；使用画笔工具 ，选择尖角画笔并适当调整大小，在照片中的对话框上绘制丰富的细节。你这小吃货居然来偷我这个大吃货的食物了，小样，还看你的！我看你怎么拿走，拿得走就是你的。

我的美食制作小经验分享

酒或小苏打可去除鱼胆污染，加工鱼时，如鱼胆被弄破，可在沾了胆汁的地方涂一些酒或小苏打，然后用水冲洗，苦味即可消除。食盐洗鱼洁净，剖鱼前，用食盐涂抹鱼身，再用水冲洗，可去掉鱼身上的黏液。大葱可防蝇叮鱼，在洗净的鱼上放几根洗净的葱段，可防苍蝇叮爬。

涂鸦展示

记忆中，
很多事情都已事过境迁，
不复当年，
不过仍有些久久地占据着心田，
令我思绪万千，
但不变的是那萦绕在舌尖的美味！

看到刚做好的牛排，有几个常在我家守候的小伙伴便开始对我的牛排打主意了！

蚂蚁们已经忍不住这香甜的冰淇淋气味，纷纷有组织地来了！

你们两个小样居然还在我的冰淇淋上玩起了滑雪！

3.3 工作之余的小零食

小伙伴们，我总觉得哪里不对劲呀！

我也是，怎么回事？

是不是有个小泡芙在我们面包家族中滥竽充数呀！

小伙伴们不要啊！你看我像不像你们的弟弟，虽然不是亲生的。

01 打开一张美食照片，得到"背景"图层，双击该图层，得到"图层0"；单击"创建新的填充或调整图层"按钮 ◎，在弹出的菜单中选择"色阶"选项并设置参数，调整照片的色调。

我的照片调色小经验分享：色相/饱和度

● 如果你的照片色彩比较弱的话，可以单击"创建新的填充或调整图层"按钮 ◎，在弹出的菜单中选择"色相/饱和度"选项并设置参数，继续调整一下照片的色调，使照片的色调和饱和度达到理想的效果。

02 单击"创建新的填充或调整图层"按钮 ⊙.，在弹出的菜单中选择"色相/饱和度"选项并设置参数，继续调整照片的色调，使美食看起来更加诱人。

03 新建"图层1"，设置前景色为黑色；使用画笔工具 ✐，选择需要的画笔并适当调整大小及不透明度，在美食上依次绘制面部可爱的五官。它们五个在一起看起来真是可爱极了！

04 下面就要绘制它们可爱的眼睛了。新建"图层2"，设置前景色为黑色；使用画笔工具 ✐，选择需要的画笔并适当调整大小及不透明度，依次绘制黑色的大眼睛。

05 新建"图层3"，设置需要的前景色；使用画笔工具 ✎，选择需要的画笔并适当调整大小及不透明度，绘制照片上的很萌、很可爱的表情，给每一个食物赋予生命。

06 绘制可爱的不规则会话框。新建"图层4"，设置前景色为亮红灰色；使用画笔工具 ✎，选择需要的画笔并适当调整大小及不透明度，在食物合适的位置绘制可爱的不规则会话框。

07 使用横排文字工具 T，设置前景色为白色，输入所需文字；双击文字图层，在其属性栏中设置文字的字体样式及大小，将其放置于不规则的会话框上合适的位置；单击"添加图层样式"按钮 fx，选择"描边"选项并设置参数，制作图层样式。看看这一群小可爱，居然发现了，它们中还有一个泡芙！

涂鸦展示

我喜欢零食，
自然而然爱你，自然而然
在这美好的午后
你是不是也想
来点下午茶开开胃。

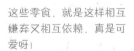

这些零食，就是这样相互
嫌弃又相互依赖，真是可
爱呀！

我们是拇指饼干大军，兄弟们敢不敢再战500回合。

我说你们两个会不会太过分了！

67

3.4 快来尝尝我的手艺

在劳累了一天之后，需要给自己补充一点能量了！于是我就拿起我的铲子对这些蔬菜进行了一系列的轰炸！快来尝尝我的手艺吧！

01 打开一张炒菜图片，得到"背景"图层，双击该图层，得到"图层0"；单击"创建新的填充或调整图层"按钮 ，在弹出的菜单中选择"色阶"选项并设置参数，调整照片的色调。

02 单击"创建新的填充或调整图层"按钮 ，在弹出的菜单中选择"色相/饱和度"选项并设置参数，继续调整照片的色调。

03 新建 "图层1"，设置前景色为黑色；使用画笔工具 🖊，选择尖角画笔并适当调整大小，在照片上绘制可爱人物形象的外轮廓。

04 新建 "图层2"，设置需要的前景色；继续使用画笔工具 🖊 绘制人物身上的颜色，并绘制其面部表情，在绘制面部表情的时候，注意表情的生动性。

05 新建 "图层3"，设置前景色为黑色；继续使用画笔工具 🖊，选择尖角画笔并适当调整大小，在照片上绘制另一个可爱人物形象的外轮廓。

06 新建"图层4"，设置前景色为黑色；继续使用画笔工具 ，选择尖角画笔并适当调整大小，在照片上绘制最后一个可爱人物形象的外轮廓。在绘制的时候注意其动态效果。

07 新建"图层5"，设置需要的前景色；继续使用画笔工具 绘制女孩身上的颜色和头发的颜色。

08 新建"图层6"，设置需要的前景色，继续使用画笔工具 绘制另一个男孩身上的颜色和头发的颜色。

09 新建"图层7"，设置需要的前景色；继续使用画笔工具☑️，选择柔角画笔并适当调整大小及不透明度，在画面上依次绘制三个小人物的面部表情。

10 新建"图层8"，设置需要的前景色；继续使用画笔工具☑️，选择柔角画笔并适当调整大小及不透明度，在画面上依次将三个小人物的面部表情绘制完整。哈哈，我做的饭可香了！是不是都想来尝一尝呀！美味赞不绝口。

我的美食配色小经验分享

随着生活水平的提高，越来越多的人对美食的喜爱程度提高，对于美食的配色，我有着自己独到的见解，美食之间的配色要相互和谐。

各种小清新美食配色欣赏

涂鸦展示

往往看起来简单的东西，
做起来都不简单，
过程很复杂
仅是切瘦肉，都切到我手痛了·
先切成一条，再切一粒粒，讲求的就是细心与耐性
当然要拍个照片留作纪念·

小·伙伴们还没有来，我赶快先来
偷偷地尝一尝这个味道怎么样
呀！馋得我都要流口水了。

哇，这个豆腐好鲜嫩多汁呀！就
忍痛让你先从我的眼前夹走吧！

3.5 缤纷水果派对

在对美食的喜好上，总少不了水果的身影，要么是直接吃新鲜的水果，要么就将水果做成各种小零食，要么就是做成水果刨冰了！

01 打开一张刨冰的图片，得到"背景"图层，双击该图层，得到"图层0"；单击"创建新的填充或调整图层"按钮 ⏥|。|，在弹出的菜单中选择"色阶"选项并设置参数，调整照片的色调。

我的绘画小经验分享

拍摄美食的照片，大致可以分为两种构图方式：微距特写、整体表现。这是最惯用的手法了，没多少花巧的地方。对于局部漂亮的菜式，可以用微距的方式，靠近一点拍，将最漂亮的地方用特写来表现，会有很诱人的感觉。对于整体很有特色的菜式，如摆放得很有心思的菜式，再配合其他的餐具等环境，来一个视角大一点的广角拍摄，描写出漂亮美食的外形与环境的气氛。

02 单击"创建新的填充或调整图层"按钮 ，在弹出的菜单中选择"曲线"选项 并设置参数，继续调整照片的色调。

03 为食物添加表情。新建"图层1"，设置 前景色为黑色；使用画笔工具 ，选择 尖角画笔并适当调整大小，在照片上绘制水果形 象的外轮廓；新建"图层2"，设置需要的前景 色；继续使用画笔工具 绘制其颜色。

04 新建"图层3"，设置需要的前景色；继 续使用画笔工具 绘制食物要被吃掉的 悲惨表情；新建"图层4"，继续使用相同的方 法绘制另一个水果害怕将要被吃掉的悲惨表情！

05 新建"图层5"和"图层6"，设置需要 的前景色；继续使用画笔工具 绘制水果 的可爱表情。

我的绘画小经验分享

在绘制这一类的美食照片的涂鸦时，可以采用拟人的手法来绘制，在绘制水果的拟人化表情时注意绘制出要被吃掉的生动表情，如果不知道应该是什么表情的时候，不妨在家里对着镜子自己练习一下！抓住绘制表情的精髓，这样绘制出来的画面会很有趣。

06 新建"图层7"，设置需要的前景色；继续使用画笔工具 绘制其他水果的可爱表情。

07 新建"图层8"和"图层9"，设置需要的前景色；继续使用画笔工具 绘制其他水果的可爱表情。

08 新建"图层10"，设置需要的前景色；继续使用画笔工具 绘制水果的可爱表情。

09 新建"图层11"，设置前景色为玫红色；继续使用画笔工具 在照片上绘制可爱的对话方式；单击"添加图层样式"按钮 ，选择"描边"选项并设置参数，制作图层样式。可爱的孩子们，不要紧张，我基本上不挑食，你们每个我都会一一的品尝的。

我的照片调色小经验分享

Photoshop的调色工具很多，而其中最重要的就是曲线和色阶。调色分为两种，就是校色和调色。调色是对图片后期艺术性加工，而校色就是一张照片不论是从网上下载下来的，还是扫描的，都有可能偏色，而有一些照片的偏色是我们用肉眼一时分辨不清的，那么怎么办呢？就是看直方图。

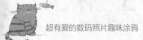

涂鸦展示

你爱吃水果吗?
水果里有许多微量元素,
所以大人常说:"要多吃水果。"
我家后花园的芒果树又结出新鲜的果实了,
快来尝尝鲜吧!

芒果兄弟们, 你们什么时候成熟呀! 那些还没成熟的不要嘲笑快成熟的小伙伴哦! 下个季度就是你们哭啦!

我们是番茄传奇!

爱情就是这样, 不信你看看这3个!

3.6 其实我不止是蔬菜

曾答应，野炊时做一道漂亮美味的蔬菜沙拉给所有的好朋友，现在我买好了食材，准备做明天野炊的蔬菜沙拉了！让没吃到漂亮美味沙拉的朋友一起分享美食的滋味与快乐的心情。不过现在这些蔬菜们是以什么样的心情等着我的刀子呢？

01 打开一张切菜时拍摄的图片，得到"背景"图层；双击该图层，得到"图层0"；单击"创建新的填充或调整图层"按钮 ⊙.，在弹出的菜单中选择"色阶"选项并设置参数，调整照片的色调。

02 依次绘制蔬菜们将要被切之前的表情。新建"图层1"和"图层2"，设置需要的前景色；使用画笔工具 ，选择尖角画笔并适当调整大小，绘制照片最左侧辣椒的表情。

03 新建"图层3"和"图层4"，设置需要的前景色；使用画笔工具 ，选择尖角画笔并适当调整大小，继续绘制照片最左侧辣椒的表情；注意绘制其哭泣的细节，增加涂鸦的生动性。

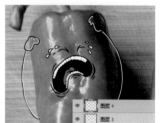

04 新建"图层5"和"图层6"，设置需要的前景色；使用画笔工具 ，选择尖角画笔并适当调整大小，绘制照片上方中间辣椒的表情。

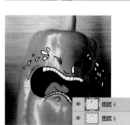

05 新建"图层7"和"图层8"，设置需要的前景色；使用画笔工具 ，选择尖角画笔并适当调整大小，绘制照片最右侧番茄的表情。

我的绘画小经验分享

在任何一个人的记忆中，童年的涂鸦总是快乐记忆里很重要的一个部分。当你拿起笔，信手涂着、画着的时候，就会暂时远离心中的烦恼。而涂鸦更是孩子们表达自己心中所思所想，描述他们眼中现实世界的一种语言，一座桥梁。心中想到什么就绘制出来。这样的涂鸦会使你的生活充满了乐趣。

06 新建"图层9"，设置需要的前景色；使用画笔工具▨，选择尖角画笔并适当调整大小，继续绘制照片最右侧番茄的表情。

07 新建"图层10"，设置需要的前景色；使用画笔工具▨，选择尖角画笔并适当调整大小，继续绘制照片最下方辣椒的表情。

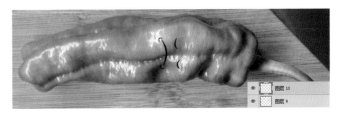

08 新建"图层11"，设置需要的前景色；使用画笔工具▨，选择尖角画笔并适当调整大小，继续绘制照片上蔬菜的各种表情，将细节绘制完整。

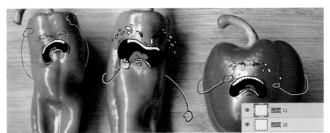

09 新建"图层12"，设置需要的前景色；使用画笔工具▨，选择尖角画笔并适当调整大小，绘制辣椒被打晕后上面眩晕旋转的小鸟。这真是可爱极了！小蔬菜们不要害怕呦！我给你们打麻醉药你们就不会觉得痛了，放心我会好好对你们的！

我的绘画小经验分享

在绘制具有很多物品的照片时，重要的是注意物体之间的相互关联性和画面整体的可爱度。涂鸦绘制出来的画面具有一定的故事情节和关联性。

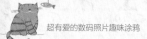
涂鸦展示

每天都重复吃这些蔬菜，
你却会吃得津津有味，
因为这些蔬菜里藏着深深的爱。
是广大劳动人民的爱，
是我们对生活，
不变的追求和喜爱！

金针菇姑娘已经按捺不住
自己的舞蹈天赋，哼着悠
扬的小曲，舞动起来了，
那曼妙的身姿别提有多招
人喜爱了！

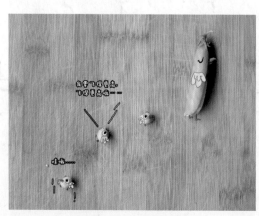

笨鸟先飞，跟着妈妈，注意不要掉队呦！

孩子们，你们的妈妈哪里去了？

3.7 暗藏在厨房里的艺术家

刚学会了一道"茄子土豆连炒"，晚饭必须要好好地露一手，等我刚切好这些蔬菜要拿相机去照相的时候，有个小伙伴便来偷我的食材了，哼哼！小样儿，我还看不到你了！来个厨艺比赛吧！

01 打开一张食材的美照，得到"背景"图层并双击该图层，得到"图层0"。

02 单击"创建新的填充或调整图层"按钮，在弹出的菜单中选择"色相/饱和度"选项并设置参数，调整照片的色调。

03 单击"创建新的填充或调整图层"按钮 ，在弹出的菜单中选择"色阶"选项并设置参数，调整照片的色调。

04 新建"图层1"，设置前景色为黑色；使用画笔工具 ，选择需要的画笔并适当调整大小及不透明度，在切好的蔬菜上绘制人物的轮廓。注意绘制的人物最好是一个大厨。

05 新建"图层2"，将其移至"图层1"下方；使用画笔工具 ，设置需要的前景色，选择需要的画笔并适当调整大小及不透明度，在画面中的人物上适当地涂抹，绘制出其大体颜色。

06 回到"图层1",新建"图层3";使用画笔工具 ,设置需要的前景色,选择需要的画笔并适当调整大小及不透明度,在图层上绘制"大厨"身上的细节。

我的日式美食分享

日式铁板烧,天津水上公园附近的上谷商业街有很多,百一、大渔和红花这三家的铁板烧味道都差不多,因为食量有限,我几乎每次都吃银鳕鱼,外焦里嫩的银鳕鱼配上点千岛酱,味道很棒呢。

我的美食日记分享

我非常喜欢吃日式料理,尤其是日式火锅,对清太郎日本料理情有独钟,据说这里相当于日本偏北方口味的,突然想起来,樱花日式料理也不错哦,在紫金山路,喜来登酒店旁边。

生活的快节奏不如看看美文放松一下心情!我们经常为错过一些东西而感到愧惜,但其实人生的玄妙,常常超出你的预料,无论什么时候,你都要相信,一切都是最好的安排,坚持,努力,勇敢追求,风景变幻,人世无常,顺其自然的力量,神秘莫测,闪着光,就这样突然地把惊喜带到你的世界中来。

涂鸦展示

喜欢吃饭，
喜欢在厨房玩，
用叉子、勺子和筷子
轮流敲碗、敲碟、敲盘子，
小勺敲小碗的声音最好听了，
叮，叮，叮。

看看这美味吧，我们喜欢的料理
鼠都被吸引过来了，嗯，这味道
真是香极了！

厨房就是我的天堂啊！任我
在这里尽情地发挥，没人打
扰，没有烦恼，剩下的只有
美味！

第 4 章

家有萌物成长记

你 也喜欢猫咪吗？跟随初生的小宠物来记录它们的生活，从出生到蹒跚学步和睁开眼睛，再到断奶和离开母亲照顾的心酸时刻，全程见证一只小萌宠的成长过程吧！

4.1 那些把你迷惑的萌物们

十月十日卖萌节,
萌货们的卖萌大比拼,
卖萌的极致是无地点无时间限制的,
无时不卖萌, 无处不卖萌。
萌货们也比比,
下面我们就一起去看看这些萌货吧!

大家看我家的"屌丝"又在卖萌了, 我不是告诉你了卖萌可耻吗?

你是不是越来越喜欢生活中那些惹人喜欢的萌宠们了！萌宠涂鸦为我们的生活中不断增色，这样是不是很有爱呀！

涂鸦照片

创意延伸

我的动物拍摄小经验分享

大多数人像照片都是在与眼睛平行的高度拍摄，换一个角度往往能完全改变一张照片的表现力，所以很多摄影老手都会告诉你，不妨站在你能达到的最高点。当然，放低机位也会达到同样的目的。动物的眼睛往往是画面中最重要的部分，绝大多数肖像拍摄中模特都注视着镜头，自然而然地引起观看者与被拍摄者的"交流"。这种特殊的"指向性"如果利用得当，有时会获得特别的效果，不过，这种"指向"会直接影响到构图。

涂鸦照片

创意延伸

4.2 无所不能的 "喵星人"

现在的 "喵星人" 比我想象中还要猖狂，还要无所不能，不信你看看，就算它在地上打滚也不会闲着！还和我们的老师比起舞来了！好吧，我看看你们谁厉害！

01 执行 "文件>新建" 命令，在弹出的 "新建" 对话框中设置各项参数及选项，设置完成后单击 "确定" 按钮，新建空白图像文件；设置前景色为灰色，按快捷键Alt+Delete，填充背景色为灰色；得到 "背景" 图层并双击该图层，得到 "图层0"，打开一张地板的照片，拖曳到当前文件图像中，生成 "图层1"。

02 打开萌宠的照片，拖曳到当前文件图像中，生成"图层2"；单击"添加图层蒙版"按钮；使用画笔工具；选择柔角画笔并适当调整大小及不透明度，在蒙版上把不需要的部分加以涂抹；按快捷键Ctrl+T变换图像大小，并将其放至画面中合适的位置。将我家的萌宠放在地板上，看看它到底要干什么。

03 单击"创建新的填充或调整图层"按钮，在弹出的菜单中选择"曲线"选项并设置参数；单击图框中"此调整影响到下面的所有图层"按钮，以调整图层色调。

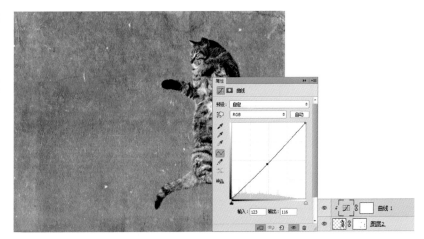

04 新建"图层3"，设置前景色为白色；使用画笔工具，选择柔角画笔并适当调整大小及不透明度，在图层上将和猫咪比武的大师外形绘制出来。

05 绘制大师的细节，新建"图层4"，设置前景色为白色；使用画笔工具 ✎，选择柔角画笔并适当调整大小及不透明度，在图层上将和猫咪比武的大师绘制出来。

06 绘制一些搭配的场景。新建"图层5"，设置前景色为白色；使用画笔工具 ✎，选择柔角画笔并适当调整大小及不透明度，在图层上绘制搭配的场景。看看是大师厉害还是小猫我厉害呀！

我的养猫小经验分享

生活在户外的猫会有相对固定的活动范围。对母猫而言，该范围的大小取决于食物是否充足，以及食物的分配。公猫活动范围的大小取决于母猫的数量和分布，因此总要比母猫的活动范围大，并且不同公猫的领地有很大一部分会重叠。

涂鸦展示

总是有那么一些猫咪，
给我们带来种种的欢乐，
我们要感谢这些猫咪的存在，
让我们的生活如的多姿。

你看看是饿了几天呀！居然梦中都
还在想吃鱼！好肥美的大鱼呀！

我说阿花，我这都是第101次向你求婚了，你就答应我
吧！

第一次自己逛超市，我想说我自己一点也不怕，一点也
不怕……

4.3 午后"喵星人"

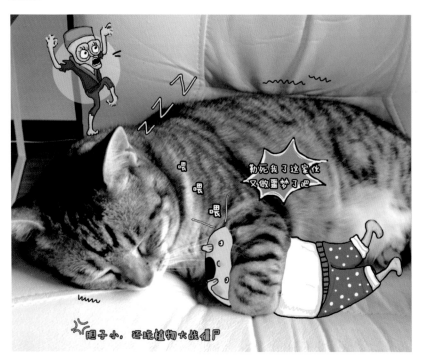

我说怎么都困意绵绵的，原来现在正值午后，我就偷偷地拿出我的相机为你记录了一下这惬意的午间。下午茶的时间，打打小盹，扑扑蝴蝶，想想你。

01 打开一张猫咪午休的可爱萌照，得到"背景"图层；双击该图层，得到"图层0"，新建"图层1"，设置前景色为黑色；使用画笔工具 ✐，选择尖角画笔并适当调整大小。在照片上绘制被它拽紧的小人的线条；新建"图层2"，设置需要的前景色；使用画笔工具 ✐，选择尖角画笔并适当调整大小，在照片上给小人填色。哎呀，他被它抱得好紧呀！呼吸困难了啦！

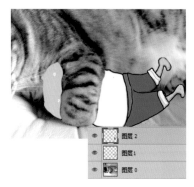

02 新建"图层3"和"图层4",设置需要的前景色;使用画笔工具☑,选择尖角画笔并适当调整大小,绘制被喵咪抱紧的小人的表情及各个方面的细节。

03 新建"图层5",设置需要的前景色;使用画笔工具☑,选择尖角画笔并适当调整大小,绘制被喵咪抱紧的小人的表情及各个方面的细节。

04 新建"图层6",使用椭圆选框工具◯,在猫咪上面绘制椭圆选区并将其填充为白色,设置其"不透明度",完成后取消选区;新建"图层7",设置前景色为黑色;使用画笔工具☑,选择尖角画笔并适当调整大小,绘制在猫咪上面的僵尸外形轮廓。

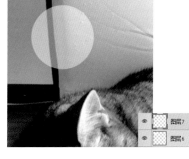

05 新建"图层8",设置需要的前景色;使用画笔工具☑,选择尖角画笔并适当调整大小,绘制僵尸的颜色;新建"图层9",设置需要的前景色;使用画笔工具☑,选择尖角画笔并适当调整大小,绘制僵尸身上的细节;新建"图层10",设置需要的前景色;使用画笔工具☑,选择尖角画笔并适当调整大小,在绘制的小孩上绘制惊讶的对话框图案。

06 使用横排文字工具 T，设置前景色为白色，输入所需文字，将其放置于绘制的惊讶的对话框图案上；单击"添加图层样式"按钮 fx，选择"描边"选项并设置参数，制作图层样式。

07 使用横排文字工具 T 输入所需文字，得到文字图层后制作其"描边"图层样式；连续两次按快捷键Ctrl+J复制得到两个文字图层副本，并将其移至画面上合适的位置。制作涂鸦小孩的心中想法的文字表达。

08 新建"图层11"，设置前景色为白色；使用画笔工具，选择尖角画笔并适当调整大小，在画面上依次绘制画面中猫咪与小人之间的小细节，并制作其"描边"图层样式。

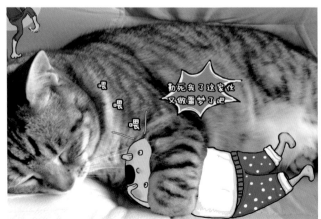

09 新建"图层12"，继续设置前景色为白色；使用画笔工具 ✐，选择尖角画笔并适当调整大小，在画面上依次绘制猫咪与小人之间的小细节；制作其"描边"图层样式。

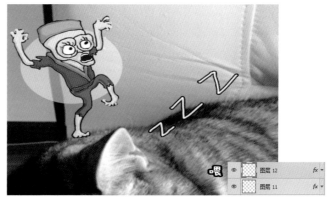

10 新建图层，设置需要的前景色；使用画笔工具 ✐，选择尖角画笔并适当调整大小在照片上绘制颤抖的线条；最后适当地制作其图层样式。

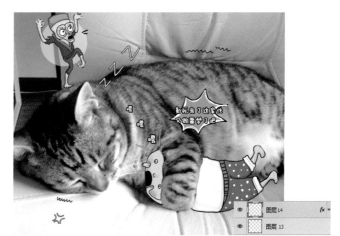

11 设置前景色为黄色，继续使用横排文字工具 T 输入所需文字，得到文字图层后制作其"描边"图层样式；将其移至画面上合适的位置。嘘，小声点别把喵星人吵醒了，不然我们就危险了。

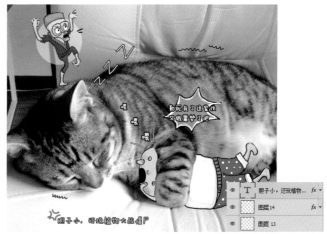

涂鸦展示

出生自优良家庭的纯种银虎斑苏折。
霸气御姐女王范，
烟熏妆小·太妹，
最调皮的一个。
偶尔傲娇。
可以自顾自地玩一下午。

我说阿花，隔壁家的小·伙伴又来找你催债了，你到底欠了别人多少人情！哦……我错了，应该是猫债。

对于饿晕的"土豪"来说，现实只有一种可能就是装死。土豪，你以为你发呆小·鱼就会自动地送到你的嘴里来吗？

4.4 "喵星人"也爱米老鼠

○ 从脏乱不堪的小黑屋里抢救出来的大眼、包子脸加菲弟弟,略胆小怕人,一脸忧郁,不过很温顺,不爱叫,最年长的一个。你看它忧郁的眼神,好酷!好啦,我懂了你需要来一张,茄子!

01 打开猫咪的照片,得到"背景"图层。双击该图层,得到"图层0"。

02 单击"创建新的填充或调整图层"按钮,在弹出的菜单中选择"色阶"选项并设置参数,调整照片的色调。

03 单击"创建新的填充或调整图层"按钮,在弹出的菜单中选择"曲线"选项并设置参数,继续调整照片的色调。

04 为猫咪的衣服涂鸦。新建"图层1"和"图层2"，设置需要的前景色；使用画笔工具，选择尖角画笔并适当调整大小，依次为猫咪绘制风衣的外轮廓和为衣服整体上色。

05 新建"图层3"至"图层6"，设置需要的前景色；使用画笔工具，选择尖角画笔并适当调整大小，依次绘制大衣的领口、帽子上的细节以及衣服上的细节，还有它旁边的小伙伴身上的蝴蝶结。这样的猫咪真有魅力。

我的养猫小经验分享

其实平时只需一碗猫粮，一碗清水，就足以养出一只健康活泼的猫咪。很多人以为喂猫牛奶是正确有营养的，其实恰恰相反。牛奶里的成分不适合猫咪的分泌，极容易让猫咪拉肚子。所以有些小奶猫被喂牛奶，拉肚子死亡，也就不足为怪。

建议刚养猫咪的同学用结团型的猫沙，因为猫猫便完后会自动将排泄物埋在沙里，几分钟后，便便或尿尿会被沙子吸干，并结成一块硬硬的石头似的东西。平时每天只需要将沙里这些硬硬的"石头"捡起来丢掉即可。剩下满盆干净的沙子仍能使用。一般一只猫一袋沙子可以维持一个月左右，再彻底清换。

涂鸦展示

浑身棕黑色的英短妹妹，
天然呆，
走路都会摔。
不黏人也不怕人。
不爱叫，喜欢睡厕所门口。
黑夜给了她黑色的眼睛，
然后……
然后在晚上你就看不见她了！

不要害羞嘛，猫小姐！虽然你是
一只小野猫，但我的家里还是有
草原的！

又穿新衣服啦！天天都穿新衣
服哦！

4.5 "喵星人"和它的小伙伴们

天生丽质的银灰色猫妹妹，来到这里，神经大条，反应总是比其他猫慢半拍，水池是它的最爱，逗它的时候别太快哦，反应不过来的。呆萌就是你的错！看什么看，我就是要把你照下来！

01 打开猫咪躲避太阳的照片，得到"背景"图层，双击该图层，得到"图层0"。

02 单击"创建新的填充或调整图层"按钮，在弹出的菜单中选择"色阶"选项并设置参数，先来调整一下照片的色调。

03 单击"创建新的填充或调整图层"按钮 ◐，在弹出的菜单中选择"曲线"选项并设置参数，继续调整照片的色调。

04 新建"图层1"，设置前景色为黑色；使用画笔工具 ◢，选择尖角画笔并适当调整大小，在照片上绘制探出头来的小姐的外轮廓；添加蒙版将其不需要的部分适当地涂抹。

05 绘制另一个长颈鹿小伙伴。新建"图层2"；设置前景色为黑色；使用画笔工具 ◢，选择尖角画笔并适当调整大小，在照片上绘制探出头来的长颈鹿的外轮廓；添加蒙版将其不需要的部分适当地涂抹。

06 绘制小猴子。新建"图层3"，设置前景色为黑色；使用画笔工具 ◢，选择尖角画笔并适当调整大小，在照片上绘制探出头来的小猴子的外轮廓；添加蒙版将其不需要的部分适当地涂抹。

07 新建"图层4"，设置前景色为橘色；使用画笔工具 ◢，选择尖角画笔并适当调整大小，在照片上绘制动物、动物身上的颜色以及一些细节。

08 新建"图层5";使用钢笔工具，在其属性栏中设置属性为"路径"，在绘制的动物旁边绘制出对话框图样，并创建选区将其填充为白色，完成后取消选区;单击"添加图层样式"按钮，选择"描边"选项并设置参数，制作图层样式。制作出对话框的效果。

09 使用横排文字工具，设置前景色为黑色，输入所需文字，将其放置于对话框上合适的位置;制作文字"描边"的图层样式。

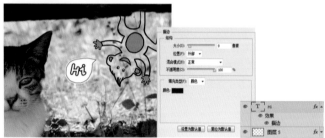

10 使用横排文字工具，设置前景色为黑色，输入所需文字，将其放置于对话框上合适的位置;制作文字"描边"的图层样式。

11 单击"创建新的填充或调整图层"按钮，在弹出的菜单中选择"色相/饱和度"选项并设置参数，调整照片的色调。

涂鸦展示

你看满天的流星雨!
好高兴呀,
什么情况?
眼神怎么这么无神,
我看惯流星雨了,有什么好
奇怪的!

小·伙伴们我们一起来织围脖吧!

朋友们你们用小·鱼来逗我!

103

4.6 "喵星人"来啦

一只纯种猫咪，是朋友捡来的，当时它很瘦弱，身上爬满了跳蚤，然后吃了一大碗猫粮，狼吞虎咽。现在吃得好喝得好睡得好，正在茁壮成长！看我给我们小喵画的涂鸦，照片看起来是不是很酷！

01 执行"文件>新建"命令，在弹出的"新建"对话框中设置各项参数及选项，设置完成后单击"确定"按钮，新建空白图像文件。

02 新建"图层1"，设置前景色为黑色；使用画笔工具 ，选择尖角画笔并适当调整大小，在画面上绘制出警服线条。

03 新建"图层2"，设置前景色为黑色；使用画笔工具 ，选择尖角画笔并适当调整大小，在画面上绘制出猫咪的头部轮廓。

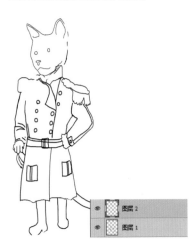

04 新建"图层3"，设置需要的前景色；使用画笔工具☑，选择尖角画笔并适当调整大小。在画面上绘制出猫咪的头部，包括其眼神以及毛发，将猫咪的头部绘制出来。

05 新建"图层4"，设置需要的前景色；使用画笔工具☑，选择尖角画笔并适当调整大小，在画面上绘制出下身的军装。

06 新建"图层5"，设置需要的前景色；使用画笔工具☑，选择尖角画笔并适当调整大小，在画面上绘制出靴子。

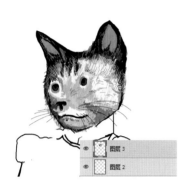

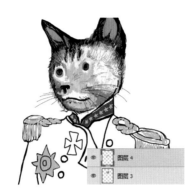

07 新建"图层6"，设置需要的前景色；使用画笔工具☑，选择尖角画笔并适当调整大小，在画面上绘制出身上需要绘制以及补充的纹理效果，将画像绘制完整。看看我们家的猫先生是不是很帅气！

我的绘画小经验分享

在绘制该涂鸦的过程中需要绘制出真实的涂鸦画面效果。使用流畅的线条和颜色质感绘制出穿着军装的猫咪，通过一部分的留白来突出画面中猫咪的头部涂鸦效果。

涂鸦展示

每个人心中都住着一只猫，
想无拘无束，想自由自在，
想逃离城市的纷扰。
在一个慵懒的午后，
变成一只猫，一只逍遥的猫，
安静快乐的猫。

这个时候你还在这么淡定的装酷！你还真能装呀！哎呦！不错哦！你的风衣我很喜欢。

狗大叔，你这姿势好像福尔摩斯呀！

喂！这位仁兄我说你是害羞什么？

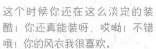

超有爱的数码照片趣味涂鸦

超有爱的数码照片趣味涂鸦

涂鸦展示

每个人心中都住着一只猫，
想无拘无束，想自由自在，
想逃离城市的纷扰。
在一个慵懒的午后，
变成一只猫，一只逍遥的猫，
安静快乐的猫。

这个时候你还在这么淡定的装酷！你还真能装呀！哎呦！不错哦！你的风衣我很喜欢。

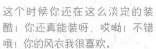

狗大叔，你这姿势好像福尔摩斯呀！

喂！这位仁兄我说你是害羞什么？

第 5 章

我和我的小伙伴们

不论你现在身在何处，总有那么一两个就算把你看透了，还是依然喜欢你的好闺蜜吧。亲爱的小伙伴，请在心里留一片地方给我来消磨时间，这样就算不见面也不会害怕被遗落。多好，这样简单且单纯的友谊。

🐱 5.1 那些无话不说的闺密

假设我们还是那个稚嫩懵懂的小姑娘,
你还可以拉着我的手,
去买我们爱吃的冰激凌,
不要因为我们有了各自的爱,
就忘记了彼此,好不好,
我只是,不想就这样一点一点的,
失去你们,而已。

我们都在长大。我不想失去我们
的过去。不想失去你们……

成长的过程是一个破茧成蝶的过程。年少的轻狂、白日放歌、纵意，随着尝遍世间毒草而克制、温润、收敛。不再向似水流年索取，而是向光阴贡献逐次低温的心。那些稍纵即逝的美都被记得，那些暴烈的邪恶逐次被遗忘。与生活化干戈为玉帛，任意东西，风烟俱净，不问因果。

涂鸦照片

创意延伸

涂鸦照片

创意延伸

我的拍摄小经验分享

有效使用反光板可以让逆光造成的昏暗脸部变得明亮起来，让皮肤富有质感。在拍摄人像时，原则上应当使用逆光或者侧光，而不适合用会让脸部出现明显阴影的顺光，所以在室外拍摄人像时反光板是必须携带的拍摄工具。

有时被拍摄者的姿势会让其肩部或者手腕部分处于构图范围之外，这完全不会有问题。反而能让画面产生变化，给人以大胆的感觉，所以不要犹豫继续拍。如果勉强将被拍摄者的全部都收入画面，照片反而会显得平庸，因此试着大胆地构图吧。

5.2 来吧，我的靓照

夏日的午后，一个人静静地在竹桩上享受美好午后时光！在我享受的同时我的小伙伴已经把我照下来啦！

01 打开一张靓照，得到"背景"图层，双击该图层，得到"图层0"。

02 单击"创建新的填充或调整图层"按钮 ⊘ ，在弹出的菜单中选择"色阶"选项并设置参数，调整照片的色调。

03 单击"创建新的填充或调整图层"按钮 ⊘ ，在弹出的菜单中选择"曲线"选项并设置参数，继续调整一下照片的色调。

04 新建"图层1"，设置需要的前景色；使用画笔工具，选择尖角画笔并适当调整大小，在照片中的人物上绘制耳机的造型，注意人物和耳机要相互和谐，增加画面的生动性。

05 新建"图层2"，设置需要的前景色；使用画笔工具，选择尖角画笔并适当调整大小，在照片上绘制好的耳机下方绘制耳机的线，并将耳机细节绘制完整。

06 新建"图层3"，设置前景色为粉色；使用画笔工具，选择尖角画笔并适当调整大小。在照片上人物的上方绘制音符的形状，增加画面的丰富性和涂鸦的生动性；单击"添加图层样式"按钮，选择"描边"选项并设置参数，制作图层样式，使绘制的音符更加突出。悠闲的下午时光就这样美美地听着歌度过。

我的美好生活分享

我不留恋于过去。任何一次失败都不可能阻止我奔向成功与幸福的乐土，我将在那里安度余生。我终于明白，想要引吭的歌喉总能找到合适的曲调。

涂鸦展示

幸福就是，
就算没有男朋友，
还会有亲爱的不着调的闺密
说爱你。

这是要变大熊的节奏吗？

你看这"屌丝"耍酷的姿态，想不想打她！

星星点灯照亮我的家门！让迷失的孩子找
到回家的路。哎哎，咋回事，还迷路了不
成，哈哈哈！

5.3 一起变成外星人

用最美的角度展示最美的自己，从这一刻起爱上拍摄。人生的不同阶段总有那么一些瞬间不想忘记，于是我叫小伙伴摆出好看的姿势，赶快留下来这美丽的照片。然后我把它画成了这样！不要打我哦，这是"来自星星的你"。

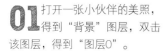 打开一张小伙伴的美照，得到"背景"图层，双击该图层，得到"图层0"。

02 单击"创建新的填充或调整图层"按钮，在弹出的菜单中选择"色相/饱和度"选项并设置参数，调整照片的色调。

03 开始给小伙伴"敷面膜"了。新建"图层1"，设置前景色为淡绿灰色；使用画笔工具☑，选择尖角画笔并适当调整大小，在人物的脸上适当地涂抹将其覆盖。

04 绘制面部表情。新建"图层2"和"图层3"，设置前景色为黑色；使用画笔工具☑，选择尖角画笔并适当调整大小。在"图层2"上将脸上涂抹的地方的轮廓适当地绘制出来；在"图层2"上将"星星人类"的五官绘制出来。

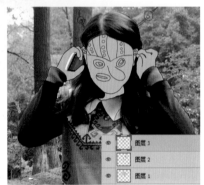

05 给"外星"小伙伴配色。新建"图层4"，设置需要的前景色；使用画笔工具☑，选择尖角画笔并适当调整大小，在外星轮廓上绘制颜色；将其涂抹出"来自外星的"效果。

我的调色小经验分享

在Photoshop中有很多种调整命令。所有在Photoshop中处理的图像，只要是有色调上的调整，肯定会使用到调整命令。图像的明度、亮度、对比度、饱和度、阴影、高光和色彩等都是属于调整命令中的功能。图层的混合模式决定了其像素如何与图像中的下层像素进行混合。在图层上使用混合模式也可以达到调整颜色的目的此方法更为灵活，也优于调整命令进行调整，这是因为在调整时不会永久改变原始图像中的颜色，可以根据需要对它进行重新设置。

06 新建"图层5"，设置需要的前景色；使用画笔工具 ，选择尖角画笔并适当调整大小，在照片上继续绘制我的小伙伴的外星人效果。

07 新建"图层6"，设置前景色为白色；使用画笔工具，选择尖角画笔并适当调整大小，在人物的衣服上绘制需要的抽象的图形，增加画面的生动性和画面感。

08 新建"图层7"，设置需要的前景色；使用画笔工具，选择尖角画笔并适当调整大小，在照片上继续将画面绘制完整。

115

涂鸦展示

每当说起外星人，
我们总是充满想象，
脑海中会浮现各种各样的奇异镜头：
有触须的猛兽，皮肤苍白、瘦骨嶙峋的类人怪物，
以及释放纯净能量、微微发光的生物。

地球人你们小心啦！我带着我的
小伙伴来到你们地球了，不要害
怕我们只是来照相的，你们看得
到我们吗？

来自外星的你和来自地球的我终
于相爱了！终于等到你，还好我
没放弃。我伪装成你们星球的人
一起相爱吧！

5.4 偶尔戏弄一下别人

悠闲的时光我觉得自己总是像个
孩子，那样纯真，那样天马行空，也
许这一秒我也可以将时间定格吧！

01 打开一张我闲暇时间拍摄的照片，得到"背景"图层，双击该图层，得到"图层0"。

02 单击"创建新的填充或调整图层"按钮 ，在弹出的菜单中选择"色阶"选项并设置参数，调整照片的色调。

03 单击"创建新的填充或调整图层"按钮 ，在弹出的菜单中选择"曲线"选项并设置参数，继续调整照片的色调。

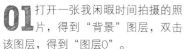

04 新建"图层1"，设置需要的前景色；使用画笔工具✐，选择尖角画笔并适当调整大小及不透明度，在图层上绘制出鳄鱼的图案；添加蒙版并适当地涂抹；新建"图层2"，设置前景色为黑色，绘制出鳄鱼的边缘线，使其具有一定的轮廓。

05 新建"图层3"，设置前景色为白色；使用画笔工具✐，选择尖角画笔并适当调整大小及不透明度，在鳄鱼上绘制纹理。

06 新建"图层4"和"图层5"，设置前景色为白色；使用画笔工具✐，选择尖角画笔并适当调整大小及不透明度，在鳄鱼旁边绘制会飞的小鱼；选择"图层5"设置其"描边"图层样式。坐在鳄鱼上和其他的鱼儿一起飞心情真是好极了！

我的人物拍摄小经验分享

● 选择光线能够照射到的较为明亮的部分作为背景，这样可以避免画面给人沉重的印象。需要注意的是常绿树的色彩较浓，即使被虚化了看起来颜色也不会太美丽。被拍摄者的背景并不一定要是植物，也可以选择色彩鲜艳的墙壁。

涂鸦展示

谁说一个人就是孤独和寂寞，
一个人也可以有好天气啊！
偶尔享受一下一个人的时光，
也是一件很美好的事情！

小朋友们，你们喜欢白雪公主
吗！我可是一个喜欢白雪公主
的女巫呦！

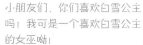

下面就是见证奇迹的时刻！

静静的下午思绪真的全部都清晰了！

5.5 宝贝成长录

我的小宝贝已经3个月了！别看他小，他可什么都懂呢！宝贝，我好喜欢你，好喜欢你，看着他清澈的眼神，我就忍不住给他照下来了！他变成海盗的话估计路飞会和他成为好朋友吧！

01 打开我的宝贝的萌照，得到"背景"图层，双击该图层，得到"图层0"；单击"创建新的填充或调整图层"按钮 ⊘，在弹出的菜单中选择"色相/饱和度"选项并设置参数，调整照片的色调。

02 单击"创建新的填充或调整图层"按钮 ⊘，在弹出的菜单中选择"色阶"选项并设置参数，调整照片的色调。

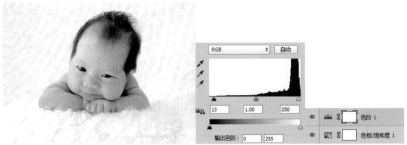

03 新建"图层1"和"图层2"，设置需要的前景色；分别在图层上使用画笔工具，选择尖角画笔并适当调整大小及不透明度，在照片上绘制海盗帽子的轮廓和涂抹上色。

04 新建"图层3"和"图层4"，设置需要的前景色；分别在图层上使用画笔工具，选择尖角画笔并适当调整大小及不透明度，在照片上绘制饰品以及上色。

05 新建"图层5"和"图层6"，设置需要的前景色；分别在图层上使用画笔工具，选择尖角画笔并适当调整大小及不透明度，在照片上绘制他在海上抢劫的宝藏大体的轮廓。

06 新建"图层7"和"图层8"，设置需要的前景色；分别在图层上使用画笔工具，选择尖角画笔并适当调整大小及不透明度，在照片上为宝藏涂抹上色；最后绘制其下方的投影纹理。颜色真是美极了。

07 新建"图层9"和"图层10"，设置需要的前景色；分别在图层上使用画笔工具 ![], 选择尖角画笔并适当调整大小及不透明度，在照片上绘制细节，丰富涂鸦画面。

08 为小宝宝配上一些文字。使用横排文字工具 ![], 设置需要的前景色，输入所需文字；制作其"描边"图层样式。

09 新建"图层11"和"图层12"，设置前景色为黑色；分别在图层上使用画笔工具 ![], 选择尖角画笔并适当调整大小，在画面上合适的位置绘制对画框。制作出宝贝可爱的思考样式。

10 新建"图层13"，设置需要的前景色；分别在图层上使用画笔工具 ![], 选择尖角画笔并适当调整大小及不透明度，在照片上绘制星星的形状，增加画面的生动感。哈哈，可爱的小海盗，你好贪心呀！这些你都想要吗！

涂鸦展示

时光这种东西真的很奇妙，
有很多我们一辈子都不会忘记的事情，
就在时光的河流中，
我们念念不忘的日子里，
有我的宝贝你。

看仔细了，我是大卫的徒弟呦，信不信
刘谦要担心长江后浪推前浪了！下面就
是我的表演时间~

哪吒小时候一定没有他乖···

我是一只鱼，水里的空气是我的小脾气！

5.6 数不尽的童年趣事

　　我的童年像一条五彩缤纷的小溪，正缓缓地流着，而童年的趣事就像是一朵朵浪花，将永远地珍藏在我的记忆中。就像这平淡无奇的玻璃上都会泛起的点点涟漪。

01 打开一张童年照片，得到"背景"图层，双击该图层，得到"图层0"；单击"创建新的填充或调整图层"按钮，在弹出的菜单中选择"曲线"选项并设置参数，调整照片的色调。

02 单击"创建新的填充或调整图层"按钮 ⊘.|，在弹出的菜单中选择"色相/饱和度"选项并设置参数，调整照片的色调。

03 单击"创建新的填充或调整图层"按钮 ⊘.|，在弹出的菜单中选择"自然饱和度"选项并设置参数，调整照片的色调。

04 新建"图层1"，设置前景色为黑色；使用画笔工具 ☑，选择尖角画笔并适当调整大小及不透明度，在照片中的人物上绘制可爱小海龟的大体外形。

05 新建"图层2"，设置需要的前景色；使用画笔工具，选择尖角画笔并适当调整大小及不透明度，在照片上为可爱的小海龟填充颜色。

06 新建"图层3"，设置前景色为黑色；使用画笔工具，选择尖角画笔并适当调整大小及不透明度，在照片中绘制可爱小海龟的身上的斑点和可爱的表情。

07 绘制其他小动物，新建"图层4"，设置前景色为黑色；使用画笔工具，选择尖角画笔并适当调整大小及不透明度，在照片上绘制可爱小鱼的大体外形。

08 新建"图层5"，设置需要的前景色；使用画笔工具，选择尖角画笔并适当调整大小及不透明度，在照片中为可爱的小鱼填充颜色。

09 按住Shift键并选择"图层4"和"图层5"，按快捷键Ctrl+J复制得到其副本；按快捷键Ctrl+E合并图层得到"图层5副本"；使用快捷键Ctrl+T变换图像方向，并将其放至画面中合适的位置。给他们添加一些小伙伴吧！

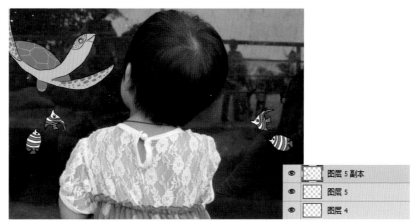

10 选择"图层5副本"，按快捷键Ctrl+J复制得到其副本；使用快捷键Ctrl+T变换图像方向，并将其放至画面中合适的位置；使用橡皮擦工具，将多余的小鱼擦除，制作出画面的生动真实感；继续使用使用画笔工具，选择尖角画笔并适当调整大小及不透明度，在照片上绘制不同颜色和种类的小鱼。

11 选择"图层5副本",按快捷键Ctrl+J复制得到其副本,将其移至图层上方;按快捷键Ctrl+T变换图像方向,并将其放至画面中合适的位置;使用橡皮擦工具 ,将多余的小鱼擦除,制作画面中丰富的小鱼效果。

12 新建"图层6",设置需要的前景色;使用画笔工具 ,选择尖角画笔并适当调整大小及不透明度,在照片上绘制小海龟和小鱼吐出来的气泡。快来看看我童年中的梦幻小天地。

我的童年分享

童年的梦,七彩的梦;童年的歌,欢乐的歌;童年的脚印一串串;童年的故事一摞摞。"这首歌是否能让你回想起美好的童年生活?在那五彩缤纷的岁月中,发生过许多事情,像星星一样明亮。我的童年是美好的,有许多事值得回忆……

涂鸦展示

童年，是欢乐的海洋。
在回忆的海边，有无数的贝壳，
有灰暗的，
勾起一段伤心的往事；
有灿烂的，
使人想起童年趣事。
我在那回忆的海岸，
寻觅着最美丽的贝壳……

我说小哥，你看着
我干嘛呀！再看，
再看我就……

我们来一起滑滑梯吧！

哦，我美丽的小姑娘，你是我的月亮，你是我的太阳。

5.7 咱们偶尔也玩时尚

王子与公主相遇了,王子为了公主去战斗,王子与公主在一起幸福快乐地生活下去……我的朋友就是一个爱做公主梦的小女生啊! 快赶快给她绘制一个理想男友!

01 打开一张我的小伙伴的美照,得到"背景"图层,双击该图层,得到"图层0"。

02 新建"图层1",设置需要的前景色,使用画笔工具 ;选择尖角画笔并适当调整大小及不透明度,在人物上绘制可爱的蝴蝶结。

03 打开一张五颜六色的图片生成"图层2",将其放置于图层上方;设置混合模式为"划分";单击"添加图层蒙版"按钮 ,在蒙版上涂抹不需要的部分。

04 单击"创建新的填充或调整图层"按钮 ⊘.|，在弹出的菜单中选择"色阶"选项并设置参数，先来调整一下照片的色调。

05 单击"创建新的填充或调整图层"按钮 ⊘.|，在弹出的菜单中选择"曲线"选项并设置参数，继续调整一下照片的色调。

06 新建"图层3"和"图层4"，设置需要的前景色；使用画笔工具 ✔，选择尖角画笔并适当调整大小，在"图层3"上绘制人物的轮廓，在"图层4"上给人物涂鸦大体的色调。哈哈，她的"男朋友"的大体相貌已经出来了，怎么样还满意吗！

07 新建"图层5"，设置需要的前景色；使用画笔工具 ✏️，选择尖角画笔并适当调整大小，在绘制好的男人上绘制眼镜上的花纹，丰富画面上的细节。

08 新建"图层6"，设置需要的前景色；使用画笔工具 ✏️，选择尖角画笔并适当调整大小，在绘制好的男人上绘制帽子上的花纹，丰富画面上的细节。

09 选择"图层6"，设置前景色为黑色；使用画笔工具 ✏️，选择尖角画笔并适当调整大小，在绘制好的男人上绘制五官。

10 新建"图层7"，设置前景色为黑色；使用画笔工具 ✏️，选择尖角画笔并适当调整大小，将画面绘制完整。看看这个英俊潇洒的帅哥怎么样，你喜欢吗？有没有和你很配呀！

涂鸦展示

青春就是那辆疯狂的自行车
我从没被谁知道，
所以也没被谁忘记，
在别人的回忆中生活，
并不是我的目的。

看看我这打扮有没有很高端、
大气、上档次，真心魅力十足
了，2015年的流行趋势呀！

天气不错来个豹纹小草帽。

我是其他国家过来旅行的公主。

133

5.8 光影奇幻之旅

黑夜给了我黑色的眼睛，我却用它来寻找光明，如果你问我这是为什么，因为我想让你们看到我眼中的光影奇幻之旅！

01 打开一张夜景照片，得到"背景"图层，双击该图层，得到"图层0"；单击"创建新的填充或调整图层"按钮，在弹出的菜单中选择"色阶"选项并设置参数，调整照片的色调。

02 单击"创建新的填充或调整图层"按钮 ，在弹出的菜单中选择"色相/饱和度"选项并设置参数，调整照片的色调。

03 新建"图层1"，设置前景色为白色；使用画笔工具 ，选择尖角画笔并适当调整大小及不透明度，在照片上的人物上绘制吹风机；单击"添加图层样式"按钮 ，选择"外发光"选项并设置参数，制作图层样式。

04 单击"创建新的填充或调整图层"按钮 ，在弹出的菜单中选择"亮度/对比度"选项并设置参数，调整照片的色调，增加亮度/对比度。我是黑夜中的战士，帮你们消灭敌人来了！

涂鸦展示

光，是那样的生机，
影，是那样的迷幻，
在光影的世界里，
你也许和我一样，
迷恋……

哈哈哈，小·朋友们！你们看到
我们了吗？我们的大军已经向
你们发起进击了！

去超市买了好多小·零食呀！回去
拿给小·朋友们，叫他们都听我
的，哈哈，你们看不到我-

第 6 章

生活中的趣味角落

秋 日的黄昏，纯带着一身的寂寞走进了那生活中不起眼，却被遗忘的角落里。纯蹲下去，慢慢拾起什么，一滴泪珠竟无声地滴落在地上。

超有爱的数码照片趣味涂鸦

6.1 角落中错过的美好

伟大从小处诞生
于无声处听惊雷
石头缝底散发出光芒
非凡起于平凡……

此处的安静，曾经有多少人和事。

无论前方风多大，雨多大，闯过去就是一片海阔天空，生命的美丽就是坚强地走过坎坷。

涂鸦照片

创意延伸

涂鸦照片

创意延伸

我的拍摄小经验分享

不要只限于去像旅游景点这样的地方寻找拍摄题材，虽然那里人头攒动，容易让人鼓起勇气举起相机对准陌生人，但试着去发现隐藏在表象下的更生活、更真实的场景。如从你生活和熟悉的环境拍起。

6.2 我家墙面幻想无限

你在自家的墙上乱画乱涂过吗，你考虑过你们家墙的感受吗？看看下面普通的插座们它们之间的趣事吧！

01 打开一张我家墙上的插座照片，得到"背景"图层，双击该图层，得到"图层0"；单击"创建新的填充或调整图层"按钮 ●，在弹出的菜单中选择"色相/饱和度"选项并设置参数，调整照片的色调。

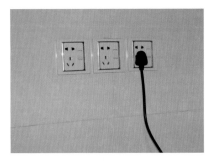

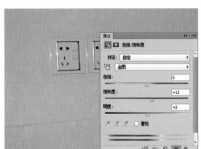

02 单击"创建新的填充或调整图层"按钮 ●，在弹出的菜单中选择"色阶"选项并设置参数，调整照片的色调。

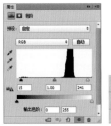

03 单击"创建新的填充或调整图层"按钮 ，在弹出的菜单中选择"亮度/对比度"选项并设置参数，调整照片的色调。

04 新建"图层1"，设置前景色的颜色为白色；使用画笔工具 ，选择需要的画笔并适当调整大小，在插头上绘制三个小伙伴的形态。

05 给小伙伴们上色，新建"图层2，设置需要的前景色；继续使用画笔工具 ，选择需要的画笔并适当调整大小，在绘制的人物身上涂抹出大体颜色来。

06 绘制小伙伴们的各种细节，新建"图层3"，设置需要的前景色；并继续使用画笔工具 ，选择需要的画笔并适当调整大小，绘制人物身上的细节，使人物更加生动。

07 绘制对话框，新建"图层4"，设置需要的前景色；继续使用使用画笔工具 ✍，选择需要的画笔并适当调整大小，绘制对话框样式。

08 在对话框上添加适当的文字。使用横排文字工具 Ⓣ，设置前景色为白色，输入所需文字；双击文字图层，在其属性栏中设置文字的字体样式及大小；单击"添加图层样式"按钮 🔊，选择"描边"选项并设置参数，制作图层样式。

我的生活小角落分享

在成长的路上，你或许偶尔打一个盹儿，就错过了许多美好的事情。而更令人失落的是，你原本并不想睡，只是装睡，或只想眯一会儿，可竟真的睡着了。

涂鸦展示

不知名的角落，
宣泄着梦里的诗篇，
再次仰头看那片迷茫的大海
如看到遥远的海市蜃楼，
琥珀色的泪水抓住的那段思念·

空空的花瓶是不是显
得太孤单了！随意为
其插上美丽的花朵和
叶子来凑凑热闹！

百鬼夜行记居然出现在我家的墙壁上了，救命呀！

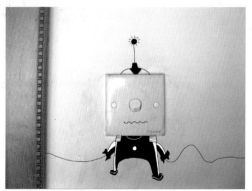

我是大鼻子小·孩，可能是说谎说多了·

6.3 那些被遗忘的路上

在上学或上下班的路上有没有一些事物让你停下脚步去细细地欣赏？我在上班的途中没有错过那些美，随意地拍摄了几张照片，发现生活中不是缺少美，而是缺少发现美的眼睛。

01 打开一张我在上班的路上随意拍摄的照片，得到"背景"图层，双击该图层，得到"图层0"并将其重命名为"图层1"。

02 新建"图层2"，设置前景色为白色，使用画笔工具 ，选择尖角画笔并适当调整大小，在画面中的中心物体上绘制摔倒的手脚的可爱形象。

03 新建"图层3"，设置前景色为黑色；使用画笔工具，选择尖角画笔并适当调整大小，在照片上绘制眼睛等细节。

04 新建"图层4"，设置前景色为白色；使用画笔工具，选择尖角画笔并适当调整大小，在照片上面绘制呼叫的线条，并创建"描边"图层样式。

05 新建"图层5"，设置需要的前景色；使用画笔工具，选择尖角画笔并适当调整大小，在主体物下方绘制蓝色的对话框。

06 使用横排文字工具，设置前景色为白色，输入所需文字；单击"添加图层样式"按钮，选择"描边"选项并设置参数，制作图层样式。

07 选择文字图层，按快捷键Ctrl+J复制得到文字图层的副本，并将其移至画面上合适的位置，制作重复的文字效果。

08 使用横排文字工具 T，设置前景色为白色，输入所需文字，将其置于对话框里面；单击"添加图层样式"按钮 fx，选择"描边"选项并设置参数，制作图层样式。

09 新建"图层6"，设置前景色为黑色；使用画笔工具 ，选择尖角画笔并适当调整大小，在照片上绘制可爱的蚊子；增加画面中的细节。哎，摔倒的话真的很疼呀！

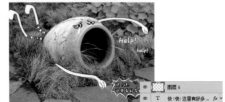

我的街拍小知识分享

街拍，英文名字叫做Street Snap，其中Street是街道的意思，代表着走过的、自由的、周围的、普通的、熟悉得让人无法察觉的地方；而Snap，原来的用法之一是形容词，指快闪的、仓促的、突然的、简单的，以及咔嚓的声音、快速且灵活的移动、猛然获取的镜头。街拍最早源于国外的时尚杂志，除了及时介绍各大秀场上的新装发布，还要传递来自民间的流行信息，于是所谓"街头秀"就应运而生，这就是街拍的起源。

街拍的对象并非只是平头百姓，大量职业摄影师对明星们在日常生活中的抓拍，也成为街拍的一个重要流派。但无论怎么样，只要你看到马路上出现任何好看、好玩的，都可以充当一回街拍摄影师，让走过、路过的帅哥与美女成为你镜头下的明星，只要你够时尚、爱逛街、眼力尖锐、品位独特，以及具有快速反应的行动能力。

我的生活分享

品味生活，完善人性。存在就是机会，思考才能提高。人需要不断打碎自己，更应该重新组装自己。

涂鸦展示

当花瓣离开花朵，暗香残留。
香消在风起雨后，无人来嗅。
如果爱告诉我走下去，
我会拼到爱尽头，
心若在灿烂中死去，
爱会在灰烬里重生。

看，偷偷跑来地球不知道该怎么回去了吧！既然这样就到我家来做我的小奴隶吧！

让我们再战300回合！

你是吓不倒我的！

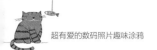

6.4 那些不起眼的角落

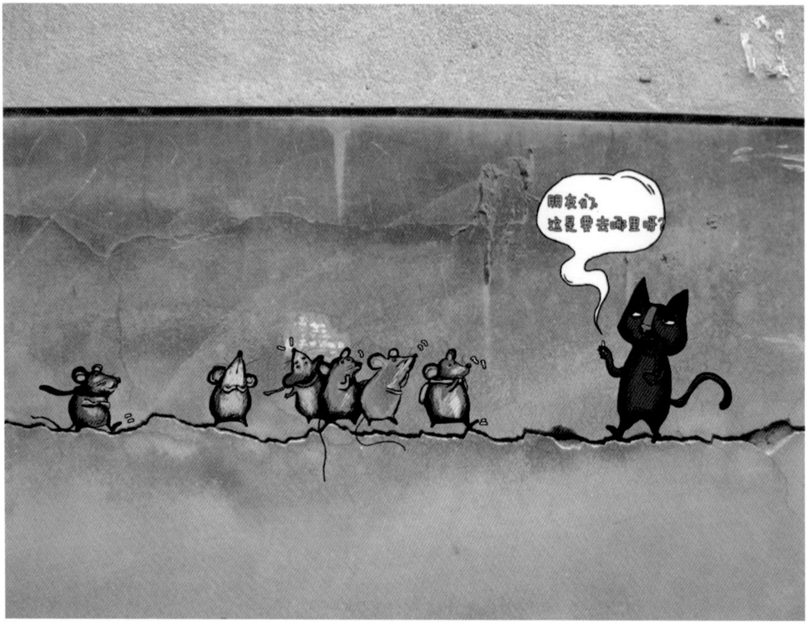

生活中总有一些不起眼的地方。人们往往不去注意，不去关心，甚至会忽视，但是这些不起眼的地方，往往会出人意料地发出明媚的光芒，绽放人生的精彩，让人们彻底改变对这些地方的看法。就像这毫无生机的墙壁原来也可以这么有趣!

01 打开一张普通的照片，得到“背景”图层，双击该图层，得到“图层0”。

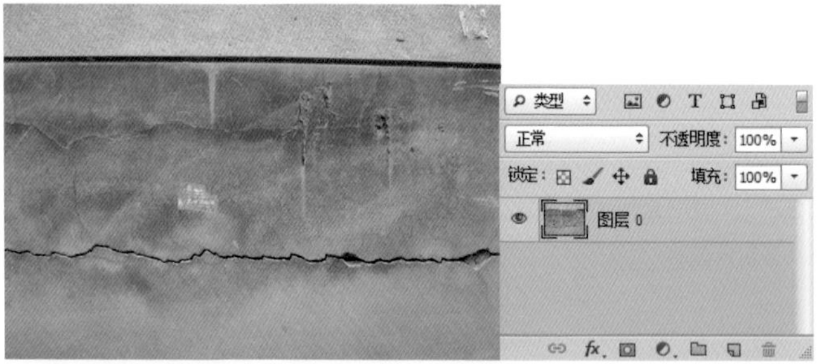

02 单击“创建新的填充或调整图层”按钮，在弹出的菜单中选择“色阶”选项并设置参数，调整照片的色调。

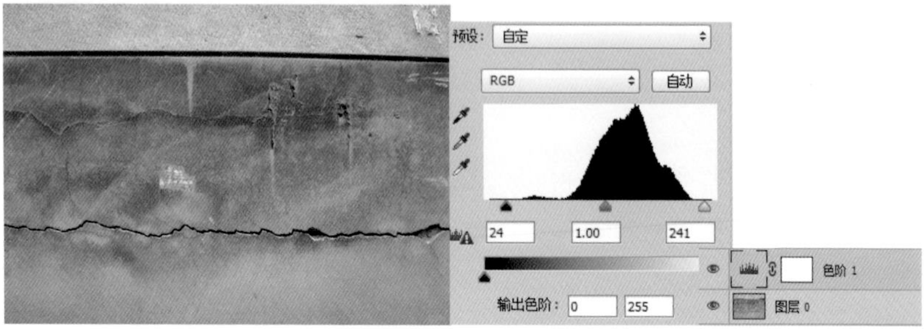

03 单击"创建新的填充或调整图层"按钮 ⊙.，在弹出的菜单中选择"曲线"选项并设置参数，继续调整照片的色调。

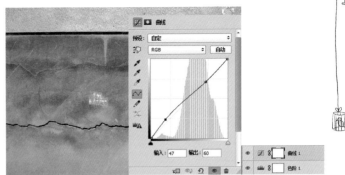

04 为赋予生机。新建"图层1"和"图层2"设置需要的前景色；使用画笔工具 ☑，选择尖角画笔并适当调整大小，在照片上绘制可爱的小老鼠的轮廓并为其填色。

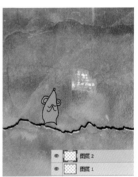

05 新建"图层3"，设置前景色为黑色；继续使用画笔工具 ☑，选择尖角画笔并适当调整大小，在照片上绘制不同的小老鼠并绘制出其不同的相貌形态。

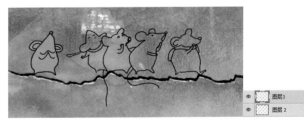

06 新建"图层4"，设置前景色为黑色；继续使用画笔工具 ☑，选择尖角画笔并适当调整大小，在照片上绘制不同的小老鼠并绘制出其不同的相貌形态。

07 新建"图层5"，设置前景色为黑色；继续使用画笔工具 ☑，选择尖角画笔并适当调整大小，在照片上绘制猫咪的形态，制作出有趣、丰富的场景。

超有爱的数码照片趣味涂鸦

08 新建"图层6",设置需要的前景色;使用画笔工具，选择柔角画笔并适当调整大小及不透明度,在绘制好的轮廓上适当地涂抹出底色;设置混合模式为"正片叠底"。

09 新建"图层7",设置需要的前景色;使用画笔工具，选择柔角画笔并适当调整大小及不透明度,绘制图片上面动物形象的细节,使每个动物的表情丰富,关系明确。

10 新建"图层8",设置需要的前景色;使用画笔工具，选择柔角画笔并适当调整大小,在图片上绘制猫咪的对话框。

11 使用横排文字工具，设置前景色为蓝色,输入所需文字,并将其放置于绘制的对话框内;然后创建其"描边"图层样式。

12 新建"图层9",设置需要的前景色;使用画笔工具，选择柔角画笔并适当调整大小,将画面绘制完整并创建其"描边"图层样式。小老鼠们你们这是要去哪里呀?猫叔叔好爱开玩笑……

涂鸦展示

成功常见于忽微
小处彰显人性之美
蛰伏，等待光芒
关注盲点，陌上花开
一滴水也能折射出太阳的光辉
把平凡做到极致。

伙计，快点，不然我们就吃不了兜着走了！那只黄猫好恐怖，快抓住我的手！

是谁，抽了烟还要把我弄成这样，我容易吗！

6.5 发现窗边趣事

悠闲的午间，才吃完午饭是不是该到哪里走走呀！于是走到办公室的窗边照下了这一幕，没想到有两个有趣的小伙伴却不请自来了！

01 打开一张窗边的照片，得到"背景"图层并双击该图层，得到"图层0"；单击"创建新的填充或调整图层"按钮 ◎，在弹出的菜单中选择"色阶"选项并设置参数，调整照片的色调。

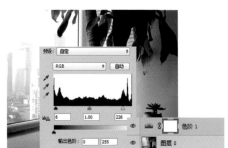

02 单击"创建新的填充或调整图层"按钮 ◎，在弹出的菜单中选择"曲线"选项并设置参数，继续调整照片的色调。

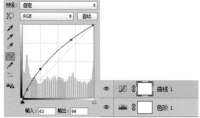

03 绘制人物线条。新建"图层1"和"图层2"设置需要的前景色；使用画笔工具，选择尖角画笔并适当调整大小。在照片上绘制可爱的小女孩以及梯子的轮廓线条并为其填色。

04 新建"图层3"和"图层4"设置需要的前景色；使用画笔工具，选择尖角画笔并适当调整大小，在照片上绘制可爱的小熊的轮廓线条并为其填色。在绘制的时候注意其表情哦……

05 新建"图层5"和"图层6"设置需要的前景色；使用画笔工具，选择尖角画笔并适当调整大小，绘制照片上两个主角的阴影，使其效果更加真实。

06 新建"图层7"，设置前景色为白色；在画面上绘制对话框的形状；使用横排文字工具，输入所需文字，将其放置于对话框上合适的位置，并依次创建其"描边"图层样式。哈哈，真是坐得高看得远啊……加油！熊小强。

涂鸦展示

为了自己想过的生活，
勇敢放弃一些东西。
这个世界没有公正之处，
你也永远得不到两全之计。
若要自由，就得牺牲安全。

这就是爱，就这样，一直这样爱下去……

我们都是勤劳的小·孩，这是我们的世界！

6.6 畅想奇妙街拍之旅

一个人走在街上，思绪总是不停的飞絮，忽然被眼前的画面吸引，于是毫不犹豫地拿出相机来，记录了眼前的街景，还有许多小伙伴，看我来了，也热情地出来迎接我了！

01 打开一张街拍照片，得到"背景"图层，双击该图层，得到"图层0"；创建"色阶1"，调整照片的色调。

02 单击"创建新的填充或调整图层"按钮 ⊙.，在弹出的菜单中选择"色相/饱和度"选项并设置参数，继续调整照片的色调。

03 新建"图层1"，设置前景色为黑色；使用画笔工具，选择尖角画笔并适当调整大小，绘制出小伙伴们的轮廓。

04 为热情的小伙伴们上色。新建"图层2"，设置需要的前景色；使用画笔工具，选择需要的画笔并适当调整大小，绘制小伙伴们的大体颜色。

我的街拍生活分享

想要在街头照到好照片，背太多的镜头和灯不是个好主意，这些负担将会分散你的观察力，在拍照好时机出现的时候也不能敏捷出击。小数码，旁轴，带有旋转屏的相机，甚至手机，也都是抓拍的利器。学会预知将要出现的画面，提前准备好相机，按你的快门并拍下决定性的瞬间。

05 深入刻画小伙伴们的细节。新建"图层3"，设置需要的前景色；使用画笔工具，选择需要的画笔并适当调整大小，绘制小伙伴们脸上的细节。

06 新建"图层4"，设置需要的前景色；使用画笔工具，选择需要的画笔并适当调整大小，继续绘制小伙伴们身上的细节。看看这一群小伙伴们是不是和活跃呀！真是充满了热情。

我的街拍生活分享

街拍多是纪实型的，这时黑白照片会让事实显得更有力度，更具形式美感，特别是新闻摄影在拍摄突发事件时。但有些街拍题材非常适合彩色摄影，如要表达一种愉悦情绪，或客观角度描绘街道环境时，还原色彩会更生动真实也更赏心悦目。

涂鸦展示

街拍是件很奇妙的事情。
有的时候换个角度拍片子，
便又出现了另一种截然不同的精彩。
正所谓"娴静犹如花照水，行动好似风扶柳"，
动静之中，跟我们感受一下街拍带来的时髦美感吧！

谁应该也想不到路边卖玉
米的大妈居然和大帽子有
着一定的关系吧！

白雪公主在为自己做糖人。

天气好得让童话里的公主也想出来透透气了！

6.7 家是我永远离不开的港湾

家，"我回来了" 夜幕来临，劳累了一天的人们回到了温馨的家，家里响起幸福的笑声，一天的疲劳消除了……于是乎情不自禁地就拿起相机照下了我的小床。我的小表妹又偷偷在上面睡着了！

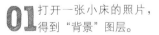

01 打开一张小床的照片，得到"背景"图层。

02 我的床上马上就来了一个尊贵的客人。新建"图层1"和"图层2"，设置需要的前景色；使用画笔工具 ✐，选择尖角画笔并适当调整大小，在照片上绘制我的小表妹的外轮廓并为其填色。

03 新建"图层3"，设置需要的前景色；使用画笔工具 ✐，选择尖角画笔并适当调整大小，在绘制好的人物大体样子上绘制头发和身上衣服的纹理，丰富人物细节。

04 新建"图层4"，设置需要的前景色；使用画笔工具 ✐，选择尖角画笔并适当调整大小，在绘制好的人物旁边绘制书本和图画。真可爱，居然自己玩的时候睡着了，你这样你妈妈知道吗？呵呵……

我的美好生活分享

一个人逛街，一个人吃饭，一个人旅行，一个人做很多事。一个人的日子固然寂寞，但更多时候是因寂寞而快乐。极致的幸福，存在于孤独的深海。在这样日复一日的生活里，我逐渐与自己达成和解。

涂鸦展示

家是港湾，
永不枯竭的港湾。
你是港湾里航行的船，
爱是港湾里载舟的水。
随波涛起伏航行在爱的海洋里……

你们在对我家的玩偶做
什么？

快来看看这是什么植物！

趁主人还不在，我们快到她的香闺里来玩耍！

161

6.8 回家路上

辛苦了一天终于回家了，这一条条的斑马线，总是引领你通往心灵归属。于是便拿出手机照下了这每天上班必经的一条斑马线。如果有我的小伙伴过来陪我，我想我在回家的路上一定不会孤单。

01 打开斑马线照片，得到"背景"图层；双击该图层，得到"图层0"，将其重命名为"图层1"；单击"创建新的填充或调整图层"按钮 ● ，在弹出的菜单中选择"色阶"选项并设置参数，先来调整一下照片的色调。

02 单击"创建新的填充或调整图层"按钮 ● ，在弹出的菜单中选择"曲线"选项并设置参数，继续调整照片的色调。

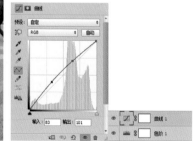

03 新建"图层2",设置前景色为黑色;使用画笔工具 ✐,选择尖角画笔并适当调整大小,在画面上绘制过马路的小伙伴的轮廓;新建"图层3",将其移至"图层2"下方,设置需要的前景色;使用画笔工具 ✐,涂抹出小伙伴的颜色;回到"图层2",新建"图层4",继续使用画笔工具 ✐将其绘制完整。

04 新建"图层5",设置前景色为黑色;使用画笔工具 ✐,选择尖角画笔并适当调整大小,在画面上绘制过马路的两个大婶的轮廓;新建"图层6",将其移至"图层5"下方,设置需要的前景色;使用画笔工具 ✐,涂抹出两个大婶的颜色。

05 新建"图层7",设置需要的前景色;继续使用画笔工具 ✐绘制两个大婶的细节,注意绘制他们的表情。

06 回到"图层5",新建"图层8",设置前景色为黑色;继续使用画笔工具 ✐,绘制后面的可爱小狗的轮廓。

07 新建"图层9",将其移至"图层8"下方,设置需要的前景色;继续使用画笔工具 🖊 涂抹小狗身上的颜色。

08 回到"图层8",新建"图层10",设置前景色为黑色;继续使用画笔工具 🖊 绘制小狗身上的纹理,并绘制它和我的小伙伴之间的绳子。

09 新建"图层11",设置需要的前景色;继续使用画笔工具 🖊,将画面绘制完整。这么多小伙伴陪我回家,回家的路上一定不会孤单。

涂鸦展示

每次回家以后,
我的烦恼和一切不快都会烟消云散。
回家可以为我疗伤,
抹平我内心的伤痛。
这一切都使我对家有一种深深的依赖。

街边超级玛丽
你一定没有看
过吧!

天哪, 完全没有预估
好, 这下怎么办, 谁来
救救我呀!

165

超有爱的数码照片趣味涂鸦

6.9 公园一角的美好

在一个风和日丽的下午，我和家人一起到人民公园玩，这里风景优美，绿树成荫，真是歌词里面唱的花儿对我笑，太阳当空照呀！

01 打开一张花的照片，得到"背景"图层；双击该图层，得到"图层0"，将其重命名为"图层1"；单击"创建新的填充或调整图层"按钮 ，在弹出的菜单中选择"色阶"选项并设置参数，调整照片的色调。

02 单击"创建新的填充或调整图层"按钮 ，在弹出的菜单中选择"色相/饱和度"选项并设置参数，继续调整照片的色调。

03 新建"图层2",设置前景色为黑色;使用画笔工具▨,选择尖角画笔并适当调整大小,在画面中合适的位置绘制浇水的人物和动物的外形轮廓。

04 新建"图层2"和"图层3",设置需要的前景色;使用画笔工具▨,选择柔角画笔并适当调整大小及不透明度,在画面中涂抹出浇水的人物和动物的大体颜色。

05 新建"图层4"和"图层5",设置需要的前景色;使用画笔工具▨,选择柔角画笔并适当调整大小及不透明度,在画面中绘制出浇水的人物和动物的细节。看看因为我每天为花浇水它才能盛开得这么美丽,你来浇水我来接,节约水资源!

涂鸦展示

我喜欢这个美丽的小·公园，
喜欢这生机勃勃的景色，
喜欢这美丽的天使，
更喜欢这些顽皮的小·花朵。

不要怕，有我在你面前给你
遮风挡雨。

哇，好多美丽的小·花啊！真
是美不胜收！我和我的小·伙
伴都被这美景迷住了。

第7章

忙里偷闲的浪漫旅程

———年的努力，终于有一个长假了。我们没必要羡慕城里的高楼大厦，我们要感受幸福，或忙里偷闲，或苦中作乐；如此享受，一生何求。忙里偷闲的浪漫旅程真的很不错。

7.1 旅行的意义

好比沉在水底的鱼儿，
在雷雨到来之前感觉烦闷，
迫切地想要到水面透一口气。
无论这个城市给你好与坏的感觉，
但有点不变的是，
对于未知的风景，
我们总抱着憧憬和好奇。

旅行有时候也只是一种心情的释放，或是只是想要吹吹风……

涂鸦照片

结束一段旅程回想过往的事，有些面容已经不是当初样子，年轻的岁月一分一秒流逝，一直奔跑的终点却是错误的开始，伸手就是现实，要找对方向努力。花花世界，我不懂矜持方式，坎坷路也要走，即使艰辛也要让青春留点痕迹。爱情与生活的憧憬，时刻都在寻觅。

创意延伸

涂鸦照片

创意延伸

我的风景拍摄小经验分享

在拍摄风景照片的时候要注意人物与风景之间的关系，并且要注意近实远虚的关系，让照片具有一定的层次感和丰富的画面效果。这样拍摄出来的文件具有一定的画面中心聚焦的效果。

7.2 穿梭在城市的街道中

每当我穿梭在城市的街道中，都会不自觉地看看四周的场景，我注视着每个城市不一样的节奏与表象，我们不经意间发现了两个有趣的人在进行着什么。

01 打开一张在街道上随机照的照片，得到"背景"图层；双击该图层，得到"图层0"。

02 单击"创建新的填充或调整图层"按钮 ◯，在弹出的菜单中选择"色相/饱和度"选项并设置参数，调整照片的色调。

03 单击"创建新的填充或调整图层"按钮 ⊙.，在弹出的菜单中选择"色阶"和"曝光度"选项并设置参数，继续调整照片的色调。

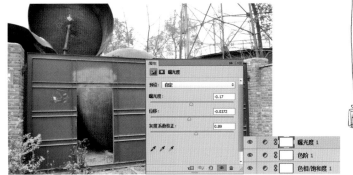

04 新建"图层1"，设置前景色为黑色；使用画笔工具 ✎，选择尖角画笔并适当调整大小，在照片上绘制人物的轮廓，在绘制的时候注意人物的表情和神态，会使后面绘制的画面更加有趣。

05 新建"图层2"，设置需要的前景色；使用画笔工具 ✎，选择需要的画笔并适当调整大小和不透明度，在画面上绘制人物的大体颜色。

06 新建"图层3"，设置前景色为黑色；使用画笔工具 ✎，选择尖角画笔并适当调整大小，在照片上继续绘制另外一个人物的轮廓，在绘制的时候要注意人物的表情和神态。

07 新建"图层4"，设置需要的前景色；使用画笔工具，选择需要的画笔并适当调整大小和不透明度，在画面上为另一个人物绘制大体的颜色。

08 绘制人物的细节表情。新建"图层5"，设置需要的前景色；使用画笔工具，选择需要的画笔并适当调整大小和不透明度，在画面上绘制两个人物的细节表情。

09 新建"图层6"，设置需要的前景色；使用画笔工具，选择需要的画笔并适当调整大小和不透明度，在画面上绘制两个人物服装的细节，两个警察抓小偷的生动的形态在画面上展现得淋漓尽致。

我的心情日记分享

旅行有时候也只是一种心情的释放，如沉在水底的鱼儿，在雷雨到来之前感觉烦闷，迫切的想要到水面透一口气。远离一个城市，奔赴另外一个城市，无论这个城市给你好与坏的感觉，但有点不变的是，对于未知的风景，我们总抱着憧憬和好奇。旅行可以满足我们的窥视欲，我们窥视着每个城市不一样的节奏与表象，我们窥视十年之后的同学和老友现实与心理的变化，从而获得一种现实的平衡。

涂鸦展示

穿梭在这个城市的街道中，
不论是乐还是悲
狂热的夏天就要无乐不作，
阳光下行走，快乐同在。

快看后面的墙上发生了
什么，怎么和前面的场
景这么不搭调！

有什么好吃的快点拿上来，否则我就把你给吃了！

你在和谁打招呼呢？

7.3 一个人的旅途

只有一个人旅行时，才听得到自己的声音。它会告诉你，这世界比你想象中的宽阔，你的人生不会没有出口。你会发现自己有一双翅膀，不必经过任何人的同意就能飞翔。快来看看我自己规划的旅行路线吧！

01 打开一张个人旅行的照片，得到"背景"图层；双击该图层，得到"图层0"；单击"创建新的填充或调整图层"按钮 ◎，在弹出的菜单中选择"色阶"选项并设置参数，调整照片的色调。

02 单击"创建新的填充或调整图层"按钮 ◎，在弹出的菜单中选择"色相/饱和度"选项并设置参数，调整照片的色调。

03 新建"图层1",设置需要的前景色;使用画笔工具 ✐,选择需要的画笔并适当调整大小和不透明度,在照片上绘制旅行的路线形状,绘制旅行的路线图。

04 新建"图层2",设置需要的前景色;使用画笔工具 ✐,选择需要的画笔并适当调整大小和不透明度,在旅行的路线图上绘制每一个景点的图标和形状。

05 绘制旅行路途上的其他图标。使用圆角矩形工具 ▣,在其属性栏中设置"填充"为红色,"描边"为无,在旅行图上合适的位置绘制"圆角矩形1"。

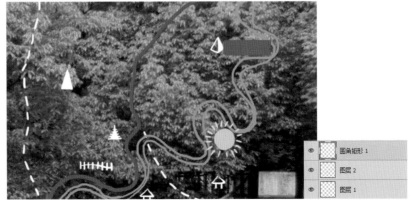

06 选择绘制的"圆角矩形1"，连续按快捷键Ctrl+J复制得到多个"圆角矩形1副本"；按快捷键Ctrl+T变换图像大小，然后将其放至路线图上合适的位置，将旅行路线上的文字底图绘制出来。

07 新建"图层3"，设置前景色为白色；使用画笔工具 ✎ ，选择需要的画笔并适当调整大小和不透明度，在绘制好的旅行的路线图上绘制白色的提示点，丰富涂鸦路线的层次。

08 使用横排文字工具 T ，设置前景色为白色，输入所需文字；双击文字图层，在其属性栏中设置文字的字体样式及大小，并将其放至绘制的图标上，制作出图标上的文字效果。这样我的旅行路线就完成了，小伙伴们快来看看是不是很惬意呀！有没有瞬间想要旅行的冲动呀！

涂鸦展示

看朝日升腾，
看夕阳老去，
与山泉共语，
随飞鸟唱和……
可以痴，可以傻，可以狂，
只是一个人的事情，与他人无关。

行走的日子，也是有晴，有雨，
有雷霆，有风雪，有白天，也有
黑夜，还有许多的不可预知。所
以我把需要的都必须备齐了……

一个人的旅行，沿途拾一些记忆
的碎片，那个找不到妈妈大哭
的孩子及其身后汪汪叫器的大黄
狗；那个丢了爱情在街角垂泪的
女孩及其印花的裙角；那个落满
霜的清晨空气中久违的阳光的味
道；那条泥泞的小·路上相互搀扶
的白发夫妇……

超有爱的数码照片趣味涂鸦

7.4 一起去看海吧

在人生的旅途中，我们会邂逅许多人，他们能让我们感到幸福。有些人会与我们并肩而行，共同见证潮起潮落，总是想要拿起相机记录这眼前的风景，感觉只有这样才不会辜负了它们的美好。

01 打开一张旅行中拍摄的大海的照片，得到"背景"图层；双击该图层，得到"图层0"。

02 打开一张"纸.png"素材，拖曳到当前图像文件中，生成"图层1"；按快捷键Ctrl+T变换图像大小，并将其放置于画面上合适的位置。

03 打开"手.png"素材，将其拖曳到当前图像文件中，生成"图层2"；按快捷键Ctrl+T变换图像大小，并将其放置于画面上合适的位置。

04 新建"图层3"，设置前景色为黑色；使用画笔工具✐，选择尖角画笔并适当调整大小，在照片上绘制其被遮挡的船上的线条，制作其艺术效果。

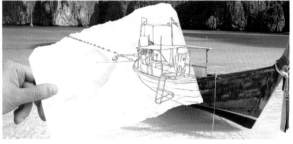

05 新建"图层4"，设置前景色为黑色；使用画笔工具✐，选择需要的画笔并适当调整大小，在照片上绘制其被遮挡的船上的线条，绘制出涂鸦的立体效果。

我的绘画小经验分享

● 在绘制这一类型的涂鸦时，可以先降低遮挡物的不透明度，再使用画笔工具✐，选择尖角画笔并适当调整大小，在照片上绘制其被遮挡的线条。

06 新建"图层5"，设置前景色为黑色；使用画笔工具，选择尖角画笔并适当调整大小，在照片上绘制人物在海边游泳的大体线条，增加画面的趣味性。

07 新建"图层6"，设置前景色为黑色；使用画笔工具，选择需要的画笔并适当调整大小，在照片上绘制人物在海边游泳的立体效果，将趣味性绘制完整。看看照片这样处理是不是很有趣、很生动呀！快动起你们的小手来一起制作吧！

我的海边婚纱摄影分享

在海边拍婚纱照是很多年轻人向往的，拍婚纱照前的准备要做充足，拍婚纱照成为了越来越多的情侣们恋爱期或婚礼前期准备的一个必经过程，很多年轻人都偏爱到海边拍婚纱照，蔚蓝的大海的热情澎湃与热恋中的情侣的爱恋相比有过之而无不及。

涂鸦展示

我想有那么一天，
剪个干净利索的短发，
穿着大大的T恤，
淡蓝色的牛仔，
背着大大的旅行包，
横跨整个中国。

青春并不消逝，只是迁徙。青春从不曾消逝，只是从我这里，迁徙到他那里。与青春恍然相逢的刹那，我看见了岁月的慈悲。

好大的恐龙,这是在演侏罗纪公园吗?快逃跑哇,真是比海啸还要可怕呀!

阳光、沙滩还有并肩同行的你,这样的美好真希望时间可以就此静止!

7.5 那些古老而又神秘的建筑

丹巴，被誉为"中国最美丽的乡村"。这里有奇异壮丽的自然景观，旖旎瑰丽的民族风情，还有古老而神秘的历史文化。唯美的摄影作品，带你解密中国最美丽乡村的建筑。再来加上一些中国元素吧！

01 打开一张具有异域风情的建筑照片，得到"背景"图层；双击该图层，得到"图层0"。

02 新建"图层1"，设置需要的前景色；使用画笔工具 ✍，选择尖角画笔并适当调整大小，在照片中的建筑上绘制色彩区域。

03 新建"图层2"，设置需要的前景色；使用画笔工具 ✍，选择尖角画笔并适当调整大小，在照片中的建筑上绘制具有一定风情的纹理。

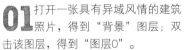

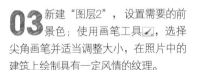

04 新建"图层3"，设置需要的前景色；使用画笔工具☑，选择尖角画笔并适当调整大小，在照片中的建筑上绘制具有一定风情的图案和色块。

05 新建"图层4"，设置需要的前景色；使用画笔工具☑，选择尖角画笔并适当调整大小，在照片上的建筑上绘制其他具有一定风情的图案和色块。

06 新建"图层5"，设置需要的前景色；使用画笔工具☑，选择尖角画笔并适当调整大小，在照片上的建筑上绘制具有一定风情的图案、色块以及线条。

07 新建"图层6"，设置前景色为棕色；使用画笔工具☑，选择柔角画笔并适当调整大小及不透明度，在照片中涂鸦的墙上绘制圆形的斑点。

08 选择"图层6",按快捷键Ctrl+J复制得到"图层6副本";按快捷键Ctrl+T变换图像大小,并将其放至画面中合适的位置,继续在照片中涂鸦的墙上绘制圆形的斑点。

09 选择"图层6",连续按快捷键Ctrl+J复制得到多个"图层6副本",将其移至图层上方;按快捷键Ctrl+T变换图像大小,并将其放至画面中合适的位置,继续在照片中涂鸦的墙上绘制圆形的斑点。

10 选择"图层6",连续按快捷键Ctrl+J复制得到多个"图层6副本",将其移至图层上方;按快捷键Ctrl+T变换图像大小,并将其放至画面中合适的位置,继续在照片中涂鸦的墙上绘制圆形的斑点。

11 选择"图层6",连续按快捷键Ctrl+J复制得到多个"图层6副本",将其移至图层上方;按快捷键Ctrl+T变换图像大小,并将其放至画面中合适的位置,继续在照片中涂鸦的墙上绘制圆形的斑点。看看这建筑是不是充满了波西米亚的味道呀!

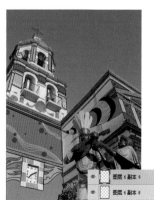

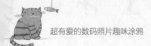
涂鸦展示

在那塞纳河边，
在那眺望台上，
在那遥远的地方，
是否还住着你的梦想，
是否是个遥不可及的梦……

每天我都在海边放哨，过年啦！是时候该给我换上
一身新衣服啦！

你们这颜色简直太美了！

你瞧瞧，这乡村小屋好潮哦……

7.6 每当我仰望天空的时候

每当我仰望天空的时候，心情就会格外开朗，但到底是被谁解救！于是我仰望天空，照下来了这美丽的照片，真的好蓝！天上的孩子仿佛告诉我希望天一直都会这样蓝下去。

01 打开一张晴朗的天空的照片，得到"背景"图层，双击该图层，得到"图层0"。

02 单击"创建新的填充或调整图层"按钮 ●.，在弹出的菜单中选择"色阶"选项并设置参数，调整照片的色调。

03 单击"创建新的填充或调整图层"按钮 ●.，在弹出的菜单中选择"色相/饱和度"选项并设置参数，调整照片的色调。

04 新建"图层1"，设置前景色为黑色；使用画笔工具 ，选择尖角画笔并适当调整大小，在照片上绘制人物的轮廓；新建"图层2"，将其移至"图层1"的下方，设置需要的前景色并为其涂鸦出大体的颜色。看天空上的小人出现了！

我的绘画小经验分享

绘制天空上的涂鸦人物必须注意人物的形状以及颜色的处理，事先可以先打一个草稿，这样绘制出来的人物将会更加的生动和有趣。

05 回到"图层1"，新建"图层3"和"图层4"，设置前景色为黑色；使用画笔工具，选择尖角画笔并适当调整大小，在照片中为人物绘制细节。假如你一抬头就看到这个哥哥会不会很开心呀！生活就是这么美好。

我的照片调色小经验分享

亮度/对比度是常用的调节明暗和对比的工具。使用方法非常简单，在调整图层按钮菜单中选择此工具，会弹出设置面板，一共就两个选项，一个是明度调节，另一个就是对比度调节。增加明度就是增加图片亮度，相反，减少就是加深图片颜色。增加对比度就是增加图片高光亮度，同时加深暗部，这样明暗对比就更强烈，起到增加对比作用。减少对比度就会把高光部分加深，暗部增亮，减少图片的明暗对比。

调整照片亮度/对比度前后

191

涂鸦展示

每次我仰望星空时，
望着天空中那一点点，
思绪已经不知所踪，
静得似乎一切都停止了运动，
美好的事物都会展现在我的眼前。

仰望，发现了彩虹。天空
美色可能只有长颈鹿可以
离你更近一些了！！！

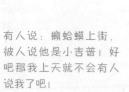

有人说：癞蛤蟆上街，
被人说他是小·吉普！好
吧那我上天就不会有人
说我了吧！